Paolo Vercesi

Fisica Tecnica
per l'Edilizia

Esercizi con soluzioni
III edizione

Un particolare ringraziamento a Cristina dello studio AcquaDesign www.acquadesign.net per aver realizzato le copertine di questo volume.
Ringrazio anche i colleghi Prof. Federico Visconti e Prof. Alberto Salioni, per la gentilezza e disponibilità nel supportare i corsi da me tenuti e anche per la realizzazione di alcuni esercizi contenuti in questo volume.

Questo testo è dedicato a
chi si ricordi di essere riconoscente

ISBN-13: 978-1985162297
ISBN-10: 1985162296

III edizione – Febbraio 2018

Copyright © 2018 Paolo Vercesi

e-mail: paolo.vercesi@polimi.it

Indice

Introduzione 4
Convenzioni, simboli e abbreviazioni 5
Tabelle e Diagrammi 6
1   Le grandezze fisiche e le unità di misura 11
2   Elementi di fisica generale 13
3   Bilanci energetici e principi 17
4   Gas ideale, fluidi e trasformazioni 21
5   Componenti e macchine termodinamiche 27
6   Trasmissione del calore...33
7   Processi e impianti per il benessere ambientale 45
8   Impianti e norme per la generazione di energia..47
9   Acustica e Illuminotecnica 53
Soluzioni capitolo: Le grandezze fisiche e le unità di misura 55
Soluzioni capitolo: Elementi di fisica generale 59
Soluzioni capitolo: Bilanci energetici e principi 67
Soluzioni capitolo: Gas ideale, fluidi e trasformazioni...73
Soluzioni capitolo: Componenti e macchine termodinamiche................................87
Soluzioni capitolo: Trasmissione del calore 101
Soluzioni capitolo: Processi e impianti per il benessere ambientale.....................119
Soluzioni capitolo: Impianti e norme per la generazione di energia 133
Soluzioni capitolo: Acustica e Illuminotecnica..149
L'autore...153

Introduzione

Questo eserciziario è una terza edizione, ampliata con l'aggiunta di nuovi esercizi e maggiori dettagli per alcune soluzioni, pensata appositamente per gli studenti che seguono i corsi di Fisica Tecnica, presso le Facoltà di Ingegneria Civile. Gli esercizi contenuti sono quindi riferiti ai principali temi trattati nei suddetti corsi, con particolare riguardo verso gli aspetti di analisi generale qualitativa e quantitativa dell'energia negli ambienti abitati, che poi si riveleranno utili alla progettazione degli involucri abitativi e dei quali sono ripresi aspetti applicativi e criteri per la scelta dei dispositivi e il dimensionamento degli impianti. I contenuti sono coerenti con i programmi dei corsi di Fisica Tecnica delle Facoltà del Politecnico di Milano.

Agli studenti voglio offrire spunti di riflessione sulle relazioni esistenti tra i principi base della termodinamica e gli effetti risultanti nel comportamento dei dispositivi, nella gestione del benessere negli ambienti costruiti e condividere con loro la necessità di immaginare e poi progettare edifici in grado di controllare le condizioni ambientali: vorrei che questa serie di esercizi li aiutasse un domani anche a pensare soluzioni per limitare i consumi di energia e a integrare gli elementi compositivi, funzionali, costruttivi, con quelli impiantistici.

Il mio obiettivo è quello di avviare gli studenti nella direzione di:
- superare l'idea che non vi sia connessione tra principi e modelli base della termodinamica e il comportamento dei sistemi reali;
- acquisire consapevolezza che, dal punto di vista energetico, gli edifici sono sempre parte di un sistema più complesso;
- favorire cultura e sensibilità verso il consumo sostenibile dell'energia;
- rendersi conto che progettare sistemi efficienti non significa eliminare tutti gli impianti o ridurre a zero gli impieghi di energia;
- comprendere che l'introduzione di dispositivi artificiali sia solo una parte dell'intervento del progettista;
- acquisire le competenze per intervenire, possibilmente ex-ante, sul progetto degli edifici e renderli efficienti dal punto di vista energetico.

Nella prima parte del testo sarà possibile leggere i testi proposti per gli esercizi, più avanti nel libro le loro soluzioni. Esercizi considerabili identici, tranne nei valori numerici, vanno risolti secondo le indicazioni di quelli precedenti.

Convenzioni, simboli e abbreviazioni

Dove non sia altrimenti specificato verranno utilizzate le seguenti e comuni convenzioni:

- l'energia, indipendentemente dalla sua natura, è considerata positiva se entrante nel sistema, causando un aumento di energia interna del sistema stesso, negativa se uscente.
- per sistema chiuso si intende un sistema con contorno non permeabile alla massa, invece con isolato se non scambia né massa, né energia.
- negli esercizi che fanno riferimento ad esempi legati alla realtà progettuale, si dà per assunto che i sistemi si comportino secondo le caratteristiche attribuitegli nell'esempio, anche se nella realtà di fatto avvengono fenomeni che, in parte, possono alterare queste assunzioni. Ad esempio, una casa con porte e finestre chiuse verrà considerato un sistema chiuso, anche se questo sistema, in realtà, scambia massa di aria attraverso i serramenti o altre piccole aperture; andrà invece tenuto in considerazione nei calcoli la possibilità che sia in grado di scambiare masse come aria, altri gas o acqua, attraverso appositi impianti.
- i simboli e le unità di misura prevalentemente utilizzate negli esercizi sono quelle del S.I., tranne che nel capitolo sulle conversioni delle unità stesse.
- in alcuni esercizi, per un problema puramente di editing, le potenze termiche o meccaniche non portano, come dovrebbero, il punto in testa.
- in alcuni casi è stato usato il punto come indicazione di virgola decimale.

Per comodità dello studente si riportano alcuni valori utili:
- costante dei gas perfetti: R = 8314 J/kmole K
- massa volumica utilizzata per l'acqua 1000 kg/m^3 e per l'aria (in condizioni standard) 1,2 kg/m^3, altrimenti consultare le tabelle
- accelerazione di gravità g = 9,81 m/s^2
- PCS potere calorifico superiore è la massima energia che si può ottenere bruciando un'unità di massa o di volume di combustibile. Per il gasolio ad esempio, vale 44 MJ per ogni kilogrammo bruciato. In genere, nei calcoli pratici, si fa riferimento a quello inferiore, il PCI.

Tabelle e Diagrammi

Si riportano alcuni valori utili per l'aria umida

Temperatura dell'aria	Pressione di vapore dell'aria satura	Titolo di saturazione	Massa volumica
T °C	P mbar	x g/Kg	ρ kg/m^3
-20	1,02	0,63	1,38
-15	1,65	1,01	1,35
-10	2,59	1,60	1,32
-5	4,00	2,49	1,30
0	6,09	3,78	1,28
5	8,70	5,40	1,25
10	12,25	7,63	1,23
15	17,01	10,6	1,21
20	23,31	14,7	1,19
25	31,60	20,0	1,17
30	42,32	27,2	1,15
35	56,10	36,6	1,13
40	73,58	48,8	1,11
45	95,60	65,0	1,09
50	123,04	86,2	1,07
55	150,94	114	1,06
60	198,70	152	1,05
65	249,38	204	1,03
70	310,82	276	1,01
75	384,50	382	1,00
80	472,28	545	0,99
85	576.69	828	0,98
90	699,31	1400	0,96
95	834,09	3120	0,94
100	1013,00	-	0,93

Nelle pagine successive:
- una versione del diagramma psicrometrico dell'aria umida, nella versione Carrier
- un diagramma t-s per l'acqua
- un diagramma p-h per l'acqua
- un diagramma p-h per il fluido refrigerante R-134a con disegnato il ciclo frigorifero

I diagrammi, a parità di variabili raffigurate, si assomigliano per quasi tutte le sostanze, ma cambiano i valori numerici.

Si consiglia agli studenti di procurarsi copia dei diagrammi di maggiori dimensioni e più facile lettura e anche le versioni complete delle tabelle termodinamiche, disponibili in rete o nei testi di Fisica Tecnica.

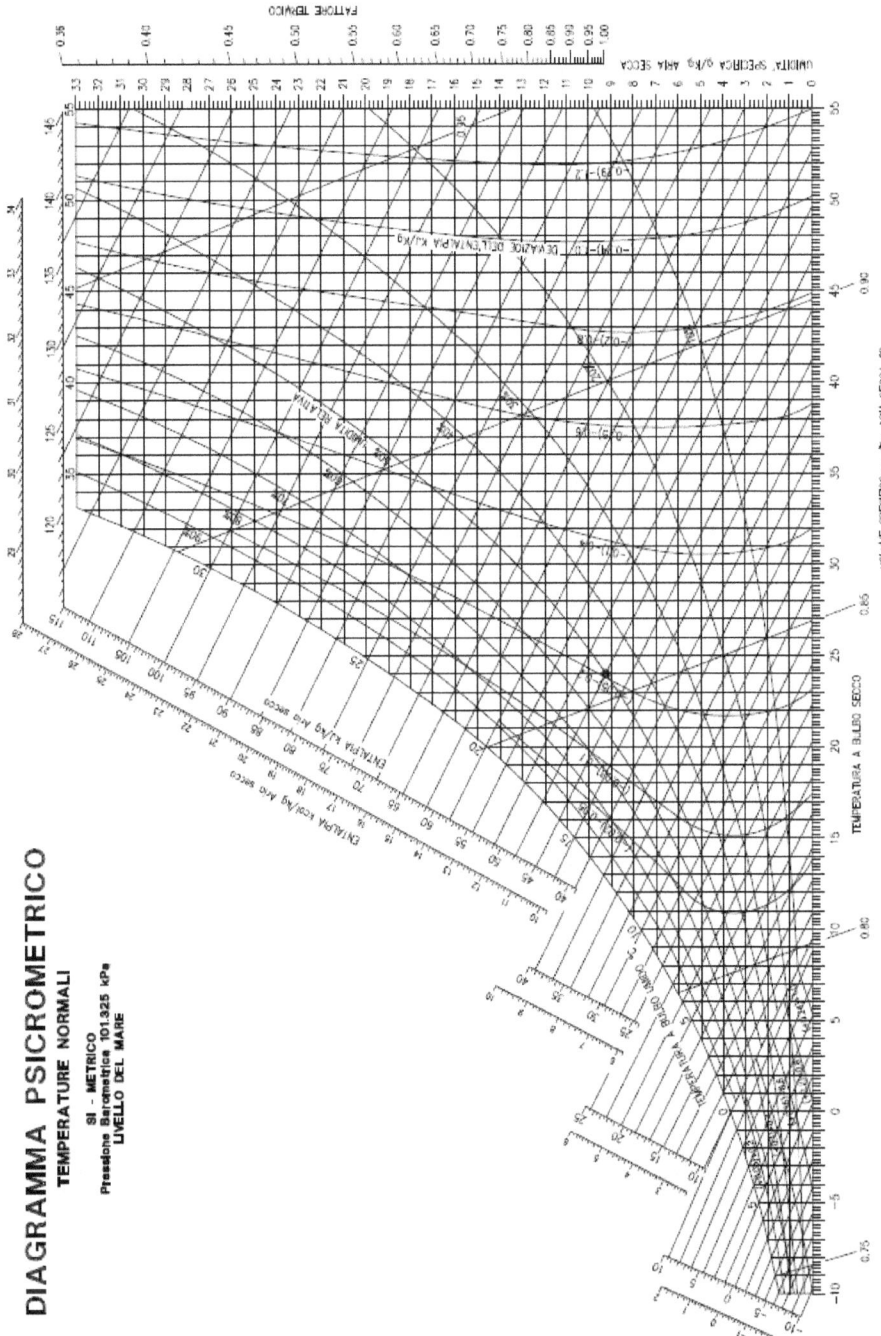

DIAGRAMMA PSICROMETRICO
TEMPERATURE NORMALI
SI - METRICO
Pressione Barometrica 101.325 kPa
LIVELLO DEL MARE

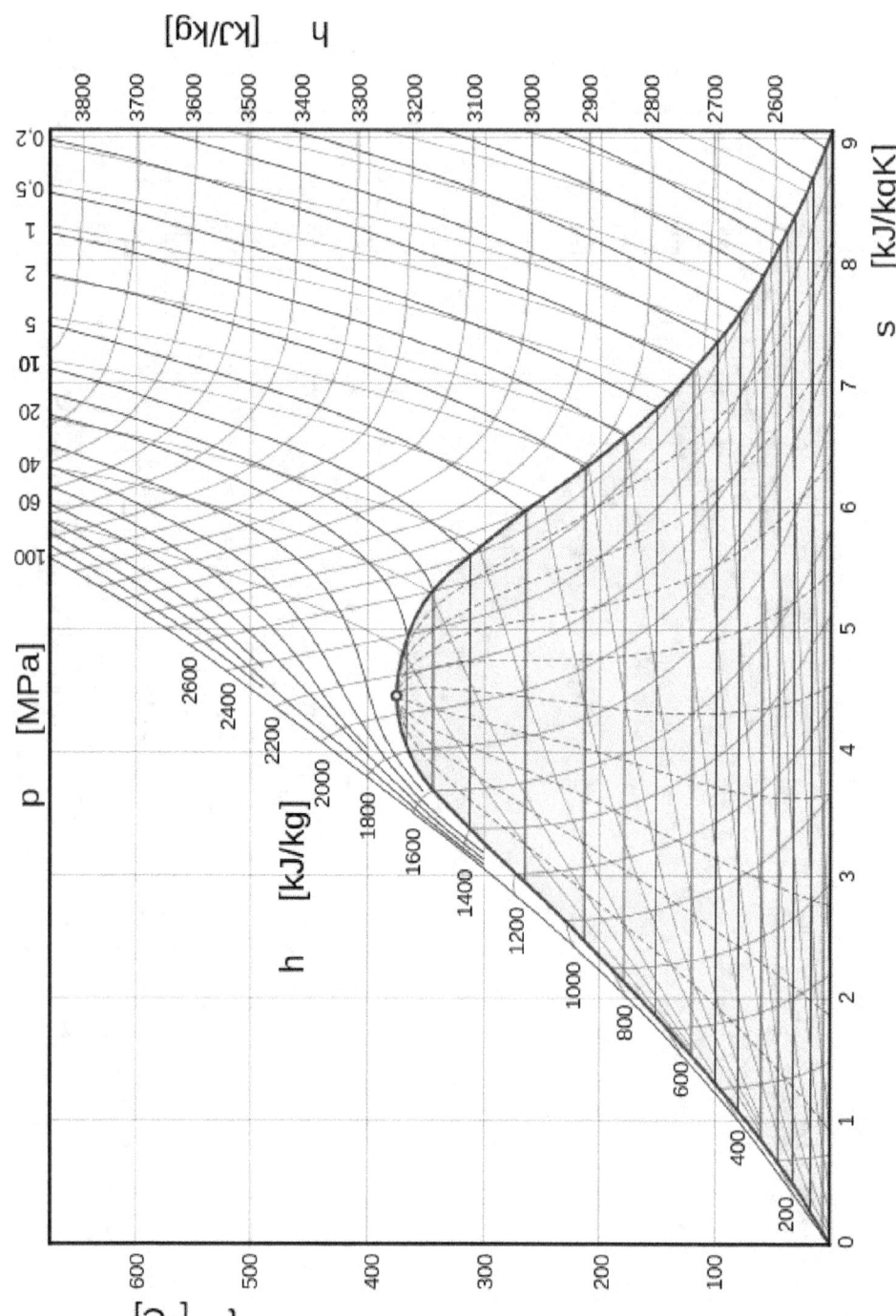

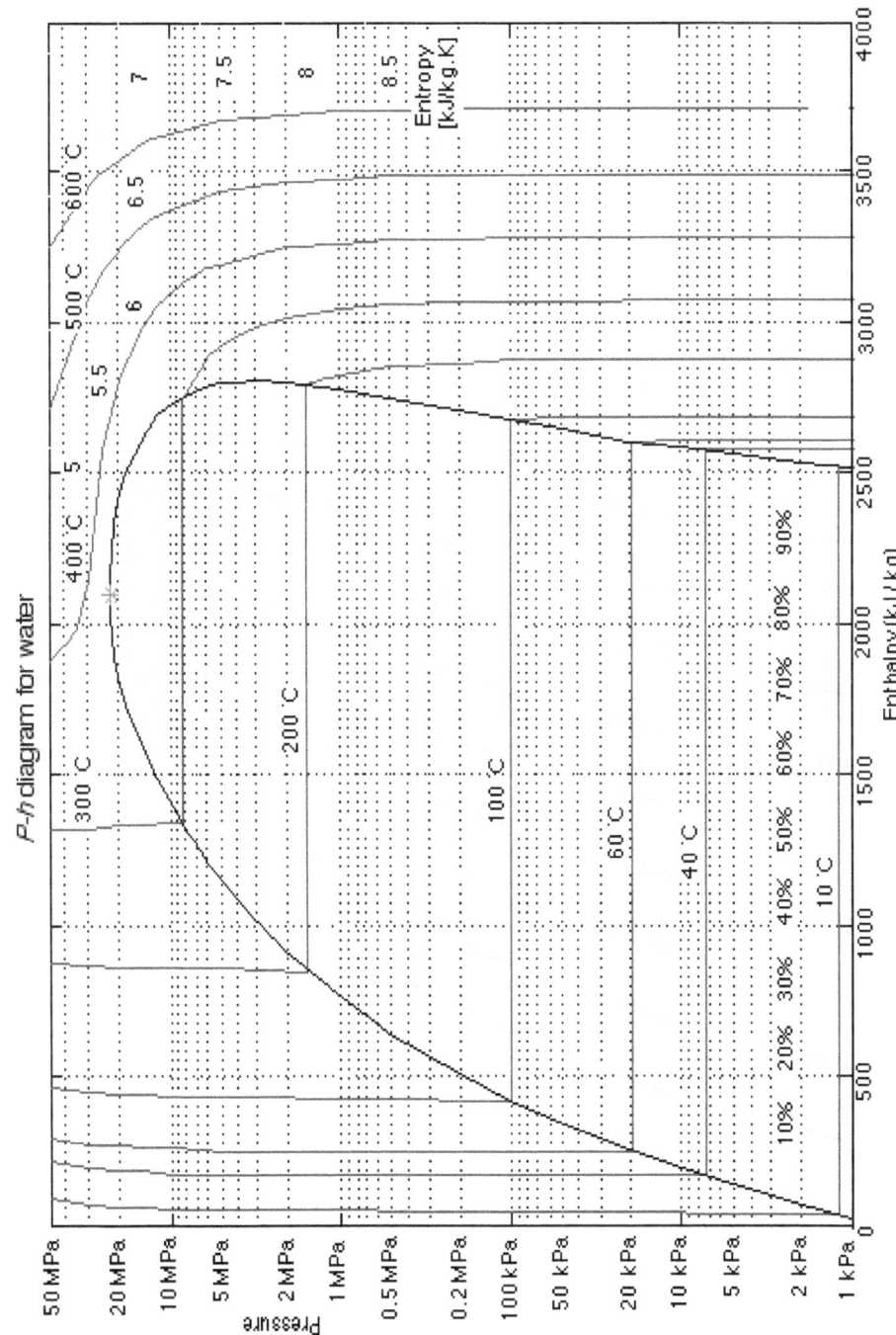

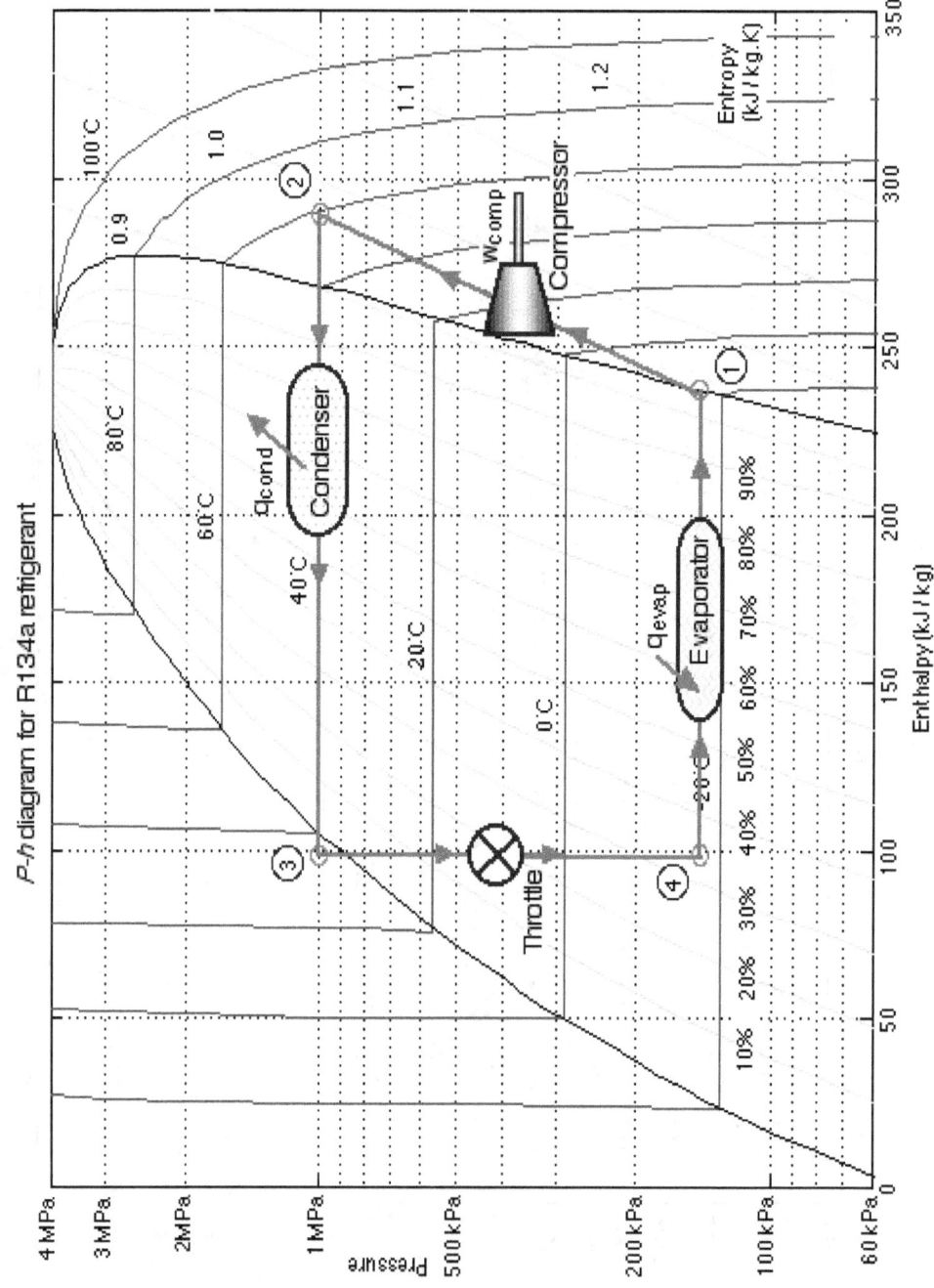

P-h diagram for R134a refrigerant

1   Le grandezze fisiche e le unità di misura

1.1   Qual è il sistema di misura accettato internazionalmente?

1.2   In quale sistema di misura Lavoro, Calore e temperatura possono avere la stessa unità di misura?

1.3   Convertire i valori indicati nelle unità di misura della seconda colonna:

5 CV	W
5 CV	kW
6 J	cal
7000 kcal	kWh
2,5 kWh	kJ

1.4   Convertire i valori indicati nelle unità di misura della seconda colonna:

3 Btu	cal
5 CV	kWh
1 atm	bar
139 °C	K
38 °C	°F

1.5   Convertire i valori indicati nelle unità di misura della seconda colonna e indicare la grandezza fisica alla quale si riferiscono:

12 kWh	kcal	
3 atm	bar	
7 K	°C	
0,5 gr/cm^3	kg/m^3	
2000 kg/h	kg/s	

1.6   Quanto valgono 5 bar se espressi in pascal, atm, torr e in kg peso su cm^2?

1.7   Quanto valgono 5000 Btu se espressi in joule, kcal e kWh?

1.8   Indicare due grandezze che non dipendono dal percorso di una trasforma-
        zione termodinamica.

1.9   Dite quali delle seguenti coppie di unità di misura sono dimensionalmente
        omogenee: kWh e N; kcal/h e J/s; Nm e kW; kW e kJ/s

1.10   La temperatura di un corpo si alza di 10 °C, di quanti K è aumentata? Se la
        temperatura iniziale era 27 °C quanto sarà quella finale in K?

1.11   Una massa che si trova a 100 °C quale temperatura avrà in kelvin e in
        fahrenheit?

1.12   Una massa che si trova a 0 K quale temperatura avrebbe in celsius e in
        fahrenheit?

1.13   Un condotto consente una portata d'aria di 7200 kg/h quanta aria deve
        transitare ogni secondo?

1.14   Proporre un controllo dimensionale per l'unità di misura della portata in
        massa.

1.15   L'andamento giornaliero della potenza elettrica consumata da un condi-
        zionatore d'aria è mostrato in figura:
        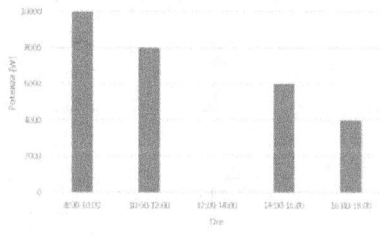
        • Quanto vale l'energia consumata
          dalle 8 alle 18 [kJ]?
        • Qual è la potenza media richiesta
          nello stesso periodo?
        • E' sufficiente stipulare con la
          compagnia elettrica un contratto da
          9 kW?
        • Sapendo che un kWh costa 0,07€, qual è il costo giornaliero per il
          funzionamento del condizionatore?

2   Elementi di fisica generale

2.1   Quanta forza è necessaria per accelerare un'auto con massa 1000 kg, da ferma a 360 km/h, in 10 secondi?

2.2   Un motore solleva di 100 m, una massa di 100 kg, in 19,62 secondi. Se il dispositivo ha un rendimento pari a 0,8, quanta potenza assorbe dalla rete elettrica?

2.3   Un motore elettrico assorbe dalla rete 6,25 kW. Supposto che abbia un rendimento dell'80 %, trascurando gli attriti, calcolare il tempo che impiega per sollevare di 20 m, un ascensore di massa 500 kg.

2.4   Un motore solleva una massa di 60 kg, per un'altezza di 80 cm, in un decimo di secondo. Calcolare la potenza necessaria.

2.5   Un contenitore di forma cubica, di 1 m di lato, contiene olio. Calcolare la massa volumica del liquido, sapendo che esercita sul fondo una pressione di 7848 Pa.

2.6   In un recipiente cubico di 2 m di lato si trova una sostanza con massa volumica 800 kg/m^3. Se da un foro il liquido fuoriesce tutto in 10 secondi, calcolarla massa iniziale e la fuoriuscita di sostanza.

2.7   In un recipiente cubico si trovano 6400 kg di una sostanza con massa volumica 800 kg/m^3. Da un foro il liquido fuoriesce in 20 secondi, calcolare il lato del cubo e la portata in volume media in uscita dal foro.

2.8   Un tubo di sezione rettangolare (larghezza 40 cm e altezza 20 cm, lungo 5 m), scorre aria a temperatura e pressione standard. Se la velocità dell'aria è 2 m/s, quale sarà la portata in massa?

2.9   Quanta energia meccanica è necessaria per aumentare la pressione da 10 a 15 bar in un cilindro a temperatura costante di 0 °C, contenente una massa di 5 kg di aria?

2.10   Quanto vale il lavoro necessario a sollevare di s = 30 cm un pistone di vetro (ρ = 2500 kg/m^3) in un cilindro (raggio r_p = 10 cm, spessore h = 5 cm) con pressione esterna atmosferica?

2.11   Qual è la potenza, in MW, che mi permette di compiere un lavoro di 1500 kWh in 10 minuti?

2.12   Per sollevare dal fondo del mare, alla profondità di 50 m, una barca di ferro (ρ = 9600 kg/m^3), avente una massa di 10 tonnellate, un subacqueo gonfia d'aria una leggera sacca di nylon, fino a che essa comincia a salire molto lentamente. Determinare il volume di aria introdotto nella sacca e il volume finale della sacca in superficie.

2.13   Un pistone cilindrico di metallo scorre in un cilindro. Il suo raggio è 20 cm, l'altezza 10 cm e la massa volumica 9500 kg/m^3. Se la pressione ambientale è 1,013 bar, quanto varrà la pressione del gas contenuto nel cilindro?

2.14   Se esercitate una forza verso l'alto di 100 N su un corpo di massa 5 kg, quanto sarà la forza complessiva sul corpo?

2.15   Un'automobile con massa 700 kg, viaggia su traiettoria rettilinea a 30 km/h. Ad un certo punto accelera e in 15 s raggiunge la velocità di 100 km/h sempre su traiettoria rettilinea. Calcolare la sua accelerazione, la variazione di quantità di moto, la forza necessaria per ottenere questa accelerazione (trascurando gli attriti e la resistenza dell'aria) e la variazione della sua energia cinetica.

2.16   Un tubo di Pitot operante in aria (R = 287 J/kgK) a pressione standard e alla temperatura di 10 °C, si muove a velocità v_a. Il misuratore di pressione a cui è collegato, misura una colonna alta 35 mm con un fluido con densità metà di quella standard dell'acqua. Calcolare la velocità con cui si muove il tubo.

2.17   Un boiler domestico per acqua calda sanitaria da 200 litri, viene riscaldato per mezz'ora, attraverso una resistenza elettrica da 5 ohm. Trascurando le perdite, di quanto aumenta la temperatura interna dell'acqua?

2.18   Calcolare la pressione esercitata sul fondo di una piscina olimpionica (50 m per 25 m) riempita fino ad una altezza di 2 m. Quale deve essere la portata dell'acqua (in l/h) per riempirla in 1 giorno?

2.19   Un'aula universitaria delle dimensioni di 20 m per 30 m e 8 m di altezza deve essere ventilata immettendo aria a 20 °C in modo da garantire 3 ricambi ogni ora. Qual è la minima sezione del condotto di immissione, sapendo che la velocità massima ammissibile dell'aria è di 2.5 m/s?

2.20   Nelle applicazioni reali, possiamo considerare l'aria e il vapore di acqua, come gas perfetti?

3   Bilanci energetici e principi

3.1   La temperatura di un sistema termodinamico che cede calore all'ambiente che lo circonda:

⬜ diminuisce sempre

⬜ diminuisce sicuramente se il sistema cede anche lavoro

⬜ aumenta

⬜ dati insufficienti per valutare

3.2   Un gas perfetto assorbe lavoro per 120 J, cede calore per 140 J, poi assorbe calore per 20 J. Prevedete che la sua temperatura vari?

3.3   Un gas subisce alcune trasformazioni per passare da uno stato A ad uno stato B. Se passa dal punto 1 scambia calore Q_{A1B} = 100 kJ e produce lavoro L_{A1B} = 40 kJ. Valutare gli scambi di energia a seconda dei percorsi.

Sapendo che	Calcolare	
Q_{A2B} = 72 kJ	L_{A2B}	kJ
L_{BA} = 26 kJ entrante	Q_{BA}	kJ
U_A = 20 kJ	U_B	kJ
U_2 = 44 kJ	Q_{2B}	kJ

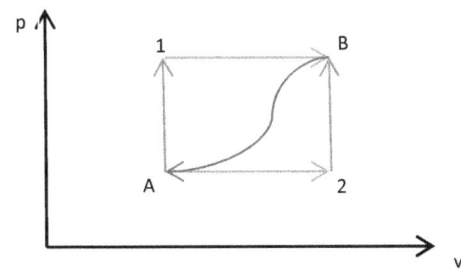

3.4   Se il peso rappresentato in figura, scende di 2,2 m in cinque minuti, quanta potenza meccanica fornisce la ventola? Quanto vale l'aumento di energia interna del sistema considerato il recipiente adiabatico? (trascurare le dispersioni per attrito)

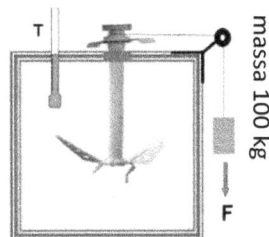

3.5   Una stanza contiene aria alla temperatura iniziale 10 °C e pressione atmosferica. È larga 6 m lunga 10 m e alta 5 m. Ha un piccolo foro. Si riscalda l'aria contenuta, fornendogli una quantità di calore pari a 15000 kJ. Determinare la temperatura finale e la massa d'aria che fuoriesce.

3.6   Una pompa elabora alcuni kg di aria comprimendola da un volume iniziale di un 200 litri ad uno finale di 1 litro. Il pompaggio inizia a temperatura e pressione ambientali (1 atm e 20 °C). Calcolare pressione e temperatura finali e il lavoro necessario per comprimere l'aria come gas perfetto, considerando la trasformazione isotermica.

3.7   Un dispositivo comprime aria da un volume iniziale di un 100 litri ad uno finale di 10 litri. Il pompaggio inizia alla temperatura di 0 °C e pressione 1 atm. Calcolare pressione e temperatura finali e il lavoro netto necessario per comprimere l'aria come gas perfetto, considerando la trasformazione adiabatica.

3.8   Calcolare la massa di un blocco di calcestruzzo, sapendo che, fornendogli una quantità di calore pari a 6524 Wh, la sua temperatura si innalza di 40 K (calore specifico del calcestruzzo = 0.233 Wh/kg K).

3.9   Spiegare perché un gas perfetto, che cede potenza termica per 1000 W e assorbe in un ora 7200 kJ, non può diminuire, a seguito di questi scambi energetici, la propria temperatura.

3.10   Una vettura in movimento che possiede una quantità di energia cinetica pari 80 kJ, improvvisamente frena fino ad arrestarsi. Di quanto aumenta, in prima approssimazione trascurando le dispersioni di calore, la temperatura dei dischi in acciaio dei freni, supponendo che abbiano una massa complessiva di 5 Kg ? (c_p acciaio = 434 J/kgK)

3.11   In un contenitore a pareti adiabatiche si trovano acqua e una sfera di rame (Cu) di cui sia noto il diametro D_{cu}, a temperature iniziali differenti.

m_a = 50 kg t_a = 20 °C
D_{cu} = 20 cm $c_{p\,cu}$ = 0.093 kcal/kg °C
t_{cu} = 600 °C ρ_{cu} = 8930 kg/m³

Calcolare, considerando il processo isobaro, la temperatura di equilibrio.

3.12   Un blocchetto di ferro di massa 3 kg e temp. 90 °C viene immerso in 5 kg di acqua contenuta in un recipiente adiabatico. La temp. dell'acqua aumenta da 9 a 12 °C. Determinare il calore specifico del ferro.

3.13   Per la pastorizzazione, il latte viene fatto scorrere in un tubo riscaldato. La temperatura deve essere innalzata da 42 a 73 °C, la portata volumica del latte è 60 litri/s. Calcolare la portata massica e la potenza termica senza dispersioni. (latte: ρ = 1020 kg/m^3 c_p = 3,95 kJ/kgK)

3.14   Per refrigerare rapidamente il latte viene fatto scorrere in un tubo opportunamente raffreddato. La temperatura deve essere abbassata da 42 a 4 °C, la portata volumica del latte è 20 l/s.
Calcolare la portata massica e la potenza termica senza dispersioni. (latte: ρ = 1020 kg/m^3 c_p = 3,95 kJ/kgK)

3.15   Un serbatoio di accumulo della capacità di 2000 l, contiene acqua alla temperatura di 30 °C. Vengono forniti all'acqua 12,5 kW per 4 ore; si calcoli il valore finale t della temperatura.

3.16   Un serbatoio d'acqua di 50 l, perfettamente isolato viene riscaldato dalla temperatura di 30 °C alla temperatura di 80 °C in 6 minuti. Calcolare la potenza termica fornita al serbatoio.

3.17   L'entropia dipende dal percorso di una trasformazione? La risposta dipende dalla reversibilità o meno della trasformazione?

3.18   Due ambienti uno a − 13 °C, l'altro a 27 °C si scambiano calore in una trasformazione isoterma. Il primo cede 20 kJ di lavoro, il secondo ne assorbe altrettanto. Quanto vale la variazione di entropia dovuta allo scambio di calore?

3.19   Una macchina termodinamica porta un fluido a 400 K e cede in inverno 2400 kJ di calore verso un ambiente a -3 °C, d'estate 2100 kJ ad un ambiente a 27 °C. In quale caso la trasformazione che consente lo scambio di calore è maggiormente reversibile?

3.20   Rappresentare nel piano entropia-temperatura un ciclo formato da due trasformazioni isoterme e due adiabatiche.

3.21   Per diminuire il fabbisogno energetico di un edificio, si vuole utilizzare uno scambiatore aria/aria a flussi incrociati. Un flusso ha portata 50 kg/min e temperatura 20 °C, l'altro 1 kg/s e temperatura 12 °C. Quanto vale la potenza termica scambiata?

3.22   Un ciclo termodinamico diretto, riceve calore lungo tre trasformazioni. Nella prima 712 kcal, nella seconda 856 kcal, nella terza 166, 8 kcal. Inoltre, cede calore per 4353.44 kJ. Valutare il L complessivo del ciclo e il suo rendimento.

3.23   Nel condotto orizzontale indicato in figura, viene estratta potenza termica per 1,2 kW, in regime stazionario. Determinare la temperatura finale dell'acqua.

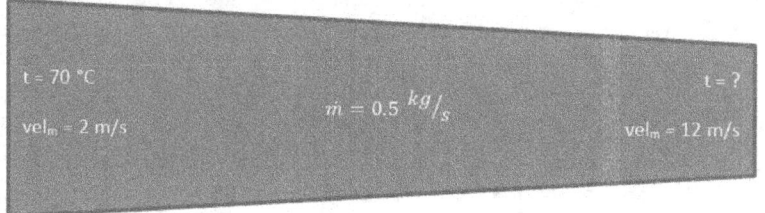

3.24   Un muro viene attraversato da un flusso stazionario di energia. Le temperature sono costanti e sulle superfici del muro valgono rispettivamente 10 °C e 3 °C. L'energia scambiata in 2 s, vale 1,5 kJ. Valutare l'entropia generata nel muro.

3.25   Una massa di 3 kg di azoto si espande in una turbina da uno stato iniziale di 375 K e 800 kPa ad uno stato finale di 26,85 °C e 200 kPa. Assumendo il gas come perfetto, calcolare la variazione di entropia del gas.

4   Gas ideale, fluidi e trasformazioni

4.1   A quale pressione 10 kg di aria occupano 10 litri di volume?
       (si consideri l'aria come gas perfetto; R_{aria} = 287 J/kg K;)

1 atmosfera	dipende dalla temperatura
871 bar	1.2 kg/m^2

4.2   Che particolarità ha una trasformazione isoterma? Cosa possiamo dire in relazione al primo principio della termodinamica? Cosa ci dice questa trasformazione nei processi di gestione del benessere ambientale?

4.3   Vengono miscelati 0,02 m^3 di acqua a 2 °C con 800 litri a 50 °C di acqua. Quale sarà la massa finale? Quale la temperatura della miscela?

4.4   Vengono miscelate due masse di aria. Entrambe con volume 1 m^3, pressione 1 atm e temperatura 25 °C. Calcolare il volume, la temperatura, la massa e la pressione della miscela.

4.5   Vengono miscelate due masse di aria. La prima ha volume 1 m^3, pressione 1 bar e temperatura 25 °C, la seconda ha volume 5 m^3, pressione 0,2 bar e temperatura 75 °C. Calcolare il volume, la massa, la temperatura e la pressione della miscela. (R_{aria} = 287 kJ/kgK)

4.6   Una piscina misura 10 m per 4 m ed è profonda 2 m. Viene riempita con acqua corrente a 15 °C e con acqua a 80 °C proveniente da una caldaia. Stimare quanta acqua calda servirà per avere l'acqua nella piscina a 20 °C.

4.7   Vengono miscelate due masse di acqua. La prima ha volume 0,03 m^3 e si trova a 98 °C, la seconda ha volume 15 l e si trova a 20 °C. Quale sarà la massa finale? Quale la temperatura della miscela?

4.8   Vengono miscelate due masse. La prima di acqua, ha volume 0,05 m^3 e si trova a 30 °C, la seconda è di olio (ρ = 850 kg/m^3 c_p = 4,92 kJ/kgK) anch'essa ha volume 0,05 m^3 e si trova a 40 °C. Quale sarà la temperatura della finale della miscela?

4.9   Vengono miscelate due masse. La prima di acqua, ha volume 0,04 m^3 e si trova a 30 °C, la seconda è di olio (ρ = 850 kg/m^3 c_p = 5,5 kJ/kgK) con volume 0,05 m^3 e si trova a 40 °C. Quale sarà la massa finale? Quale la temperatura della miscela?

4.10   Per dolcificare una tazza di latte intero, viene aggiunto del miele. Il latte è appena stato bollito e si trova a 90 °C, mentre il miele è a temperatura ambiente 20 °C. Quale sarà la temperatura della miscela? Si consiglia allo studente di cercare i dati necessari al calcolo, prima di consultare la soluzione proposta in questo testo.

4.11   Dieci litri di latte intero vengono miscelati con due litri di acqua a temperatura ambiente. La temperatura finale che ne risulta è 3,76 °C. A che temperatura si trovava il latte? (per i dati del latte necessari al calcolo, fare riferimento a quelli forniti nella soluzione dell'esercizio precedente)

4.12   Dopo l'apertura di un setto, vengono miscelate due masse, mantenendo inalterati i volumi. La prima di azoto e si trova a 26,85 °C (R = 296,82 J/kgK), la seconda di ossigeno (R = 259,81 J/kgK) si trova a − 3,15 °C, entrambe occupano un volume di 1 m^3 a pressione 1 atm. Per la miscela, calcolare massa, temperatura, pressione, volume specifico.

4.13   Durante una trasformazione isobara una massa di gas perfetto passa da una temperatura iniziale T_1 = 127 °C a T_2 = 327 °C. Sapendo che il volume iniziale è V_1 = 100 litri, quanto vale il volume finale? Se fosse aria con massa m = 5 kg, quanto vale la sua pressione?

4.14   Una massa di 9,14 kg di gas perfetto subisce una trasformazione politropica con indice 1,35. Il gas passa da uno stato iniziale p_1 = 3,54 bar e v_1 = 242 l/kg ad uno stato p_2 = 1,88 bar. Calcolare il volume specifico finale e il lavoro compiuto dal gas.

4.15   Dell'aria contenuta in un contenitore espandibile, si trova a 293,15 K, volume 0.05 m^3 e pressione 117,72 bar. Subisce una trasformazione fino a un volume di 0,3 m^3. Calcolare i valori delle energie scambiate e delle funzioni di stato U ed H, se la trasformazione sia isobara oppure isoterma. Considerare l'aria come gas perfetto.

4.16   In una rete di teleriscaldamento l'acqua viene inviata all'utenza alla temperatura di 65 °C, la portata è di 300 l ogni 3 secondi, la temperatura di ritorno è di 15 °C. Quanta potenza termica viene ceduta all'utenza dall'acqua?

4.17   Un impianto di teleriscaldamento serve 1 500 utenze da 8 kW l'una. La temperatura dell'acqua di mandata è di 65 °C e quella dall'acqua di ritorno è di 30 °C. Il rendimento globale del sistema di distribuzione è del 96%, mentre quello del bruciatore a metano (Potere calorifico: 50 MJ/kg) è del 78%. Determinare la portata volumica dell'acqua ed il consumo massico orario di metano.

4.18   In una rete di teleraffrescamento (district cooling) l'acqua viene inviata all'utenza alla temperatura di 10 °C, la portata è di 50 l/s e la temperatura di ritorno è di 20 °C. Quanta potenza termica devono sottrarre all'acqua le macchine frigorifere?

4.19   Cosa rappresenta l'area compresa tra la curva che indica una trasformazione e l'asse orizzontale nel piano pV?

4.20   Che particolarità ha una trasformazione isobara? Cosa possiamo dire in relazione al primo principio della termodinamica?

4.21   Che particolarità ha una trasformazione adiabatica? Cosa possiamo dire in relazione al primo principio della termodinamica?

4.22   Vicino al Campus Bovisa di Ingegneria del Politecnico, si possono vedere i gasometri di Milano. Si possono schematizzare pensando ad un serbatoio interrato contenente acqua, nel quale viene inserito un secondo cilindro senza fondo, praticamente un coperchio e tra i due viene assicurata la tenuta e la possibilità di scorrimento attraverso una guida cilindrica esterna, in genere a gabbia, nella quale il serbatoio interno può scorrere salendo e scendendo, a seconda di quanto gas venga pompato. La pressione nel serbatoio interno rimane costante perché uguale a quella atmosferica più il peso del serbatoio che viene sollevato, mentre il volume è variabile.

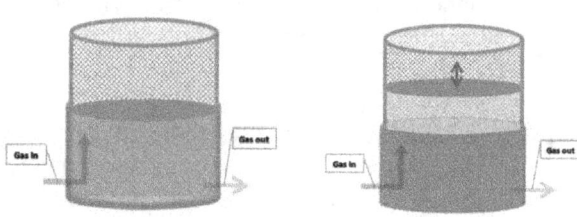

Supponiamo di alimentare il serbatoio inizialmente vuoto con l'ingresso di gas, con massa molecolare = 8, attraverso un sistema di pompaggio da una bombola con volume di 1,4 m^3, pressione iniziale di 40 atm e temperatura 300 K. Quando il sistema sarà in equilibrio (trascurando il peso del serbatoio-coperchio), sapendo che la trasformazione è politropica con k = 1,5 calcolare quanta massa sia fluita nel serbatoio.

4.23   Nelle applicazioni di condizionamento del benessere ambientale, possiamo considerare l'aria umida un gas perfetto? Essendo una miscela, quanto vale la sua pressione?

4.24   Cosa rappresenta il titolo dell'aria? Come possiamo calcolare l'entalpia dell'aria umida e a cosa ci serve?

4.25   Calcolare il titolo e l'UR di una massa di 20,5 kg di aria umida che si trova a 25 °C e pressione atmosferica, contenente 0,5 kg di vapore.

4.26   In un locale di superficie 20 m^2 e altezza 3,5 m, a pressione atmosferica e 25 °C un igrometro indica UR = 70 %. Calcolare il titolo, le masse di aria secca e vapore contenute e l'entalpia specifica dell'aria.

4.27   Un locale a temperatura 20 °C e UR 75% ha una parete a contatto con l'esterno che si trova a 0 °C. Si formerà condensa e in quale parte della parete?

4.28   Quanto valgono la pressione parziale del vapore e dell'aria secca, in aria umida con titolo 25 gr_{vap}/kg_{as}, a pressione atmosferica e temperatura 20 °C? Quanto vale la sua massa volumica con il titolo dato? E se l'umidità fosse dieci volte maggiore?

4.29   Determinare umidità assoluta e temperatura di rugiada di una massa d'aria umida a pressione p = 1 atm e temperatura T = 25 °C e UR 70 %.

4.30   Una massa m = 12 kg di aria umida a t_1 = 30 °C e umidità relativa UR = 50% viene raffreddata isobaricamente (p = 1 atm) fino a t_2 = 5 °C. Determinare la quantità d'acqua che si condensa.

4.31   Determinare l'umidità relativa di un sistema composto da una massa m = 3 kg di aria secca ed una massa m = 0,06 kg a T = 50 °C e p = 1 atm

4.32   Determinare la quantità d'acqua presente in una miscela di aria secca m_{as}= 2 kg a pressione p = 1 atm e t = 40 °C con UR = 60%.

4.33   Una lastra di metallo lunga 400 cm, viene utilizzata per far evaporare acqua in uno scambiatore per raffreddare aria nella ventilazione forzata di un'abitazione. Quanto vale il coefficiente di convezione se il numero di Nusselt vale 1400?

4.34   Un serbatoio con afflusso di acqua di 5 kg/s, va mantenuto a livello costante, tramite una pompa ad esso connessa attraverso un tubo di dimetro 100 mm. L'acqua si trova a temperatura ambiente. Si determini:
   • a quale altezza massima può trovarsi la pompa
   • il consumo elettrico se la pompa ha un rendimento complessivo pari a 0,55

4.35   Un miscelatore di aria, coibentato in maniera sufficiente per essere considerato adiabatico, miscela due flussi di aria, in un sistema di distribuzione in un impianto tutt'aria:

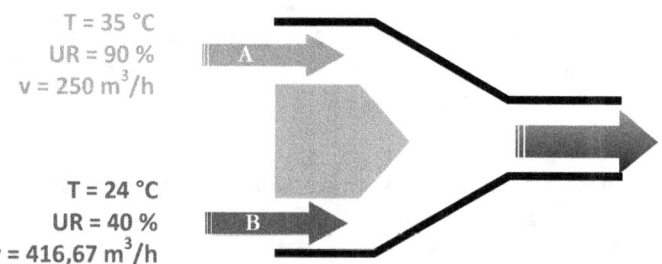

T = 35 °C
UR = 90 %
v = 250 m^3/h

T = 24 °C
UR = 40 %
v = 416,67 m^3/h

Note le condizioni dei flussi in ingresso in figura, calcolare le caratteristiche del flusso in uscita.

4.36   Ossigeno (R_{oss} = 259.8 J/kg K, gas ideale, T = 323 K) viene forzato lungo un condotto e riscaldato. Se la portata in massa del gas vale 0,277 kg/s, la temperatura deve salire di 40 °C e la sua pressione passare da 5 bar a 3,5 bar, quanto vale il calore da fornire?

4.37   Una portata in massa di 10 kg/s di a t_i 25 °C e p_i = 0,5 bar, di argon viene elaborata da un compressore fino a raggiungere 2 bar. Nell'ipotesi di regime stazionario e adiabatico, calcolare la potenza assorbita dalla macchina e la temperatura di uscita del gas (rendimento isoentropico η_{is} = 0.8 e gas ideale).

4.38   Quali sono le principali relazioni tra entropia e variabili di stato? Quale relazioni hanno nel caso di una trasformazione isoentropica per un gas ideale? Fornire un esempio applicativo delle differenze tra isoentropica e non.

5   Componenti e macchine termodinamiche

5.1   Una macchina opera alcuni cicli completi su un gas durante i quali il gas
         scambia calore con due sorgenti termiche e lavoro con un sistema mecca-
         nico. Verificare la congruenza con il I e il II principio della termodinamica,
         delle seguenti combinazioni:

Calore scambiato con la sorgente 1	Calore scambiato con la sorgente 2	Lavoro scambiato con il sistema meccanico
$Q_1 > 0$	$Q_2 > 0$	$L = 0$
$Q_1 > 0$	$Q_2 < 0$	$L = 0$
$Q_1 > 0$	$Q_2 = 0$	$L = 0$
$Q_1 > 0$	$Q_2 > 0$	$L > 0$

*Si consideri la notazione ingegneristica, nella quale il lavoro positivo si
considera compiuto dal sistema.*

5.2   Un ciclo di Carnot scambia energia con una sorgente alla temperatura di
         100 °C e una a 300 °C. Alla sorgente fredda cede 500 kJ. Calcolare il ren-
         dimento del ciclo, il lavoro prodotto e il calore ceduto dalla sorgente cal-
         da.

5.3   Osservando lo schema del disegno, indicare, motivando le risposte:
         di che tipo di dispositivo termodinamico si
         tratta? Quanto vale Q_C se Q_H = 1 kJ e L = 250
         J?
         Nel sistema può Q_C essere = 0?

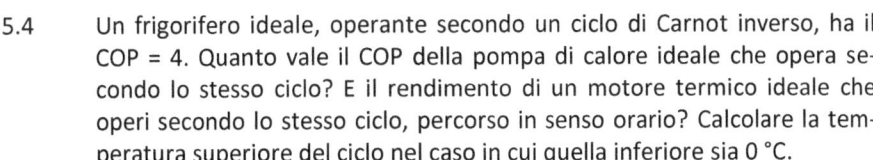

5.4   Un frigorifero ideale, operante secondo un ciclo di Carnot inverso, ha il
         COP = 4. Quanto vale il COP della pompa di calore ideale che opera se-
         condo lo stesso ciclo? E il rendimento di un motore termico ideale che
         operi secondo lo stesso ciclo, percorso in senso orario? Calcolare la tem-
         peratura superiore del ciclo nel caso in cui quella inferiore sia 0 °C.

5.5   Una pompa di calore ideale, operante secondo un ciclo di Carnot inverso,
         ha il COP = 6. Calcolare:
         • l'efficienza di un frigorifero ideale se opera con lo stesso ciclo.
         • quanto vale il lavoro da fornire alla PdC perché questa ceda alla sor-
           gente calda 5 kJ?
         • quanto vale la temperatura inferiore del ciclo termodinamico, nel ca-
           so in cui quella superiore sia 200 °C?

5.6   Un ciclo di Carnot inverso scambia energia con una sorgente alla temperatura di 0 °C ed una alla temperatura di 30 °C. Il calore assorbito dal ciclo dalla relativa sorgente risulta pari a 300 kJ. Calcolare il rendimento del ciclo come macchina di raffreddamento, il lavoro necessario per fare funzionare la macchina e il calore ceduto.

5.7   Una macchina termica reale opera tra le temperature, T_H pari a 500 °C e T_C 363 K, assorbe dalla sorgente calda calore per 200 kWh. Il rendimento della macchina termica è pari al 40 % di quello di una macchina di Carnot che operi tra le stesse temperature. Quanto lavoro produce?

5.8   Un ciclo di Carnot inverso scambia energia con una sorgente alla temperatura di - 2 °C ed una alla temperatura di 21 °C. Il calore assorbito dal ciclo dalla relativa sorgente risulta pari a 58,913 kJ. Calcolare il rendimento del ciclo come macchina di riscaldamento, il lavoro necessario per fare funzionare la macchina e il calore ceduto.

5.9   Un ciclo di Carnot inverso scambia energia con una sorgente alla temperatura di - 9 °C ed una alla temperatura di 50 °C. Il calore assorbito dal ciclo dalla relativa sorgente risulta pari a 71,593 kJ. Calcolare il rendimento del ciclo come macchina di raffreddamento, il lavoro necessario per fare funzionare la macchina e il calore ceduto.

5.10   Due motori producono la stessa energia meccanica e scambiano calore con sorgenti che si trovano alla stessa differenza di temperatura 100 K. Per il primo motore A la temperatura bassa è 273 K per B il secondo 550 K. Quale motore vi aspettate renda di più A o B?

5.11   Un motore a combustione interna brucia benzina raggiungendo una temperatura max nel cilindro di 1200 K, l'acqua di raffreddamento si trova a 90 °C ed ha un rendimento pari al 60 % di quello di una macchina reversibile funzionante nelle medesime condizioni. La potenza meccanica prodotto risulta 35 kW. Calcolare il rendimento la potenza termica assorbita e quella ceduta.

5.12   Un motore endotermico opera secondo un ciclo irreversibile (S_{irr} = 0,2 kJ/K). Preleva dalla sorgente a 500 °C calore per 180 kJ e scambia calore con una sorgente a 100 °C. Il suo rendimento sarà lo stesso di un ciclo ideale alle stesse temperature?

5.13   Un motore a benzina con rapporto di compressione 6, preleva aria a 300 K e pressione atmosferica. La miscela in combustione fornisce 1000 kJ per kg. Calcolare la temperatura massima nel ciclo.

5.14   Un ciclo Diesel ideale, preleva aria alle stesse condizioni del motore Otto dell'esercizio precedente, ma ha un rapporto di compressione doppio. Confrontare le temperature rispetto a quelle valutate per il motore a benzina.

5.15   Un frigorifero domestico che mantiene a 6 °C la sua temperatura interna, ha una efficienza (con temperatura esterna di 20 °C) pari al 60% di quella di una macchina reversibile che opera tra le stesse temperature. La potenza ceduta all'ambiente e pari a 300 W Calcolare l'efficienza della macchina frigorifera, la potenza meccanica assorbita dal compressore, e la potenza di raffreddamento.

5.16   Durante il mese di giugno, un frigorifero funziona in una cucina che si trova mediamente a 20 °C e mantiene internamente gli 0 °C e rimane sempre chiuso. Le sue pareti, con trasmittanza 0,5 W/m^2 K, hanno superficie totale 6 m^2. Sapendo che il fluido utilizzato è R134a e che il compressore ha rendimento isoentropico 0,5 e lavora con pressioni di 0,24 e 1 MPa, valutare quanta costerà in bolletta mensile, se il fornitore di energia elettrica richiede 0,18 €/kWh e motore elettrico e trasmissione hanno complessivamente rendimento 0,9.

5.17   Un frigorifero processa una portata di 15,28 gr/s di R134a; la temperatura di evaporazione sia pari a - 8°C. La condensazione avvenga fino a saturazione a 46,32 °C. Il compressore comprime il fluido a partire da condizioni di vapore saturo, ed ha rendimento isoentropico pari a 0,7. Si calcoli il COP della pompa di calore.

5.18   Un motore termico reale produce 300 W di potenza meccanica e la potenza termica assorbita vale 600 W. Un motore operante con un ciclo di Carnot e con sorgenti alla stessa temperatura, ha un rendimento pari al 40 %. E' possibile?

5.19   Spiegare perché, a parità di altre condizioni, alzando la temperatura di un ambiente la sua umidità relativa scende.

5.20   In una sala con 30 m^2 di superficie e 4 m di altezza, dalle cui pareti vengono dispersi complessivamente 1800 W, sono presenti alcuni dispositivi di illuminazione elettrica e 4 persone in attività sportiva (cedono 300 W ciascuna), la temperatura superficiale della superficie delle persone sia 30 °C. Una pompa di calore, che consuma 500 W, di energia elettrica e ha un COP complessivo di 3. Si supponga che le 3 lampade cedano 100 W ciascuna. Il coefficiente di convezione della persona vale h = 15 W/m^{2}K, la superficie della persona s = 1,8 m^2. E' presente anche un ventilatore (50 W). Se la temperatura iniziale dell'aria della sala è 18 °C, trascurando fenomeni di irraggiamento tra persone e con le pareti, quanto varrà la temperatura, trascorsa l'ora (mantenendo costanti gli altri valori dati)?

5.21   Qual è il principio distintivo delle macchine frigorifere con scambiatore collocato sotto terra?

5.22   Una villa viene riscaldata da una pompa di calore geotermica che utilizza come sorgente fredda il terreno (t = 10 °C). In condizioni di progetto, il sistema di riscaldamento fornisce una potenza termica di 10 kW. Determinare il costo energetico giornaliero della pompa di calore in classe C e in classe A (considerare un costo 0,15 €/kWh, il COP$_C$ = 2,5 e COP$_A$ = 4) e il caso di una caldaia a gasolio che eroghi la stessa potenza (considerare un rendimento dell'impianto pari a 0,8 ed un potere calorifico del combustibile pari a 41 MJ/l e costo 1,5 €/l), nell'ipotesi che gli impianti funzionino per 12 ore al giorno.

5.23   Una PdC scalda un ambiente cedendo 30 kJ e assorbe energia elettrica per 9 kJ con un motore a rendimento 0,9. L'ambiente si trova a 17 °C mentre all'esterno l'aria si trova a − 13 °C. Calcolare le prestazioni, le differenze di assorbimenti meccanici e la variazione di entropia del sistema ideale e reale a parità di calore ottenuto.

5.24   Un edificio è riscaldato da una pompa di calore che utilizza come sorgente fredda un pozzo a temperatura costante di 10 °C. In condizioni di progetto, il sistema di riscaldamento a pompa di calore fornisce una potenza termica di 50 kW e garantisce una temperatura ambiente di 20 °C con una temperatura esterna dell'aria di − 5 °C. Determinare: il consumo energetico della pompa che ha COP = 4, nell'ipotesi che l'impianto funzioni per 8 ore e che la temperatura dell'aria esterna si mantenga costante; la variazione di entropia del pozzo; determinare anche il consumo giornaliero di una caldaia tradizionale, in grado di fornire lo stesso calore, che bruci con un rendimento 0,75 un combustibile con potere calorifico 8.600 Wh/m^3.

5.25   Due tubi che trasportano aria, si congiungono in uno solo. Se le portate in massa sono rispettivamente 2000 kg/h e 1600 kg/h e le temperature 22 °C e 10 °C; sapendo che la pressione rimane costante a 1 atm, calcolare: la portata in massa nel tubo singolo, la temperatura e il titolo di miscela e indicare l'entalpia delle singole portate e quella della miscela.

5.26   Un locale misura 4 m per 7 m e 3 m di altezza, assorbe attraverso le pareti 990 W. Vengono fatti 1,4 ricambi ora, a pressione atmosferica. La temperatura esterna è 40 °C, quella interna desiderata 25 °C. Il locale viene raffreddato con una macchina con coefficiente di prestazione 3. Trascurando i passaggi di stato, quanto vale la potenza meccanica che la macchina assorbe?

5.27   Un locale misura 4 m per 4 m e 3 m di altezza, assorbe attraverso le pareti verticali che hanno resistenza 1,5 W/m^{2}K. Vengono fatti 1,4 ricambi ora, a pressione atmosferica. La temperatura esterna è 30 °C, quella interna desiderata 22 °C. Il locale viene raffreddato con una macchina con coefficiente di prestazione 2,5. Trascurando i passaggi di stato, quanto vale la potenza meccanica che la macchina assorbe?

5.28   Per una pompa di calore, il valore della variazione complessiva di entropia dovuta ai suoi scambi di calore è - 0,2 kJ/K. Sapendo che il calore scambiato con la sorgente a 300 K è 510 kJ e che l'altra sorgente si trova a 10 °C sopra, calcolare il COP della macchina usando i dati sull'entropia e quelli della macchina reversibile.

5.29   Una macchina frigorifera che usa NH$_3$ come fluido refrigerante, scambia calore alle temperature di −20 °C e +50 °C. Calcolare l'efficienza teorica della macchina, se la portata del fluido è pari a 2 kg/s.

5.30   Per asportare da una sorgente una potenza termica pari a 5 kW, viene utilizzata una macchina a compressione di vapore con R134a. Le sorgenti sono rispettivamente a -5 °C e +20 °C, ma gli scambiatori dovranno opera-re a con un ΔT di 15 °C. Calcolare la portata in massa del fluido refrigerante necessaria, l'efficienza del ciclo e la potenza meccanica necessaria, per un ciclo ideale.

5.31   Una PdC aria-aria cede 8 kW allo scambiatore che si trova a 56 °C., mentre la temperatura dell'altro scambiatore è – 8 °C. Questa potenza viene utilizzata per riscaldare un flusso da 10 °C a 40 °C. Considerando che il fluido compresso arrivi 100 °C, che la trasformazione operata del compressore sia adiabatica e che i fluidi siano saturi, calcolare: la potenza assorbita dalla macchina, la portata del refrigerante R134a e dell'aria e l'indice di prestazione della macchina.

5.32   L'aria interna al duomo di Milano (superficie = 11.700 m^2, altezza media 37.9 m) deve essere riscaldata da 15 °C a 20 °C in 2 ore. Definire la potenza minima di un bruciatore a metano ($Potere\ Calorifico = 55.5\ \frac{MJ}{kg}, \rho =$ 0.72 $\frac{kg}{m^3}, prezzo = 0.95\ \frac{€}{m^3}$) con rendimento $\eta = 80\%$ ed il costo da sostenere per alimentarlo.

5.33   Avendo a disposizione 10 € quanto calore possiamo cedere ad una utenza attraverso un bruciatore a metano ($Potere\ Calorifico = 55.5\ \frac{MJ}{kg}, \rho =$ 0.72 $\frac{kg}{m^3}, prezzo = 0.95\ \frac{€}{m^3}$) con rendimento $\eta = 75\%$?

5.34   Avendo a disposizione 10 € quanto calore possiamo cedere ad una utenza attraverso una pompa di calore ($T_{est} = -5$ °C, $T_{int} = 20$ °C, $prezzo\ energia\ elettrica = 0.07\ \frac{€}{kWh}$) con COP pari ad un quarto di quello della pompa di calore ideale funzionante tra le medesime temperature?

5.35   Un ambiente che disperde mediamente 2700 W è riscaldato con termosifoni elettrici. Sapendo che il costo dell'energia è di 0.07 $\frac{€}{kWh}$ quale sarà il costo settimanale da sostenere per riscaldare l'ambiente? E dopo quante settimane di funzionamento ci si ripagherebbe la sostituzione dei termosifoni con un sistema di riscaldamento a pompa di calore con COP = 4 che è costato 1900 €?

6   Trasmissione del calore

6.1   Supponiamo un edificio cubico di lato 10 m, nel quale si voglia mantenere una temperatura interna di 20 °C, mentre all'esterno ne abbiamo una di 0 °C. Su ogni parete laterale sono inserite due finestre di 1 m per 2 m. L'edificio è costruito con muri 20 cm e λ_{muri} = 0,2 W/mK, mentre per il vetro si consideri una conducibilità da 2 W/mK e spessore 5 cm. Se l'impianto di riscaldamento eroga una potenza di 35 kW e il costo di 1 kWh è = 0,28 €, quanto costa scaldare l'edificio per 6 mesi all'anno? Riesce l'impianto a soddisfare il fabbisogno? E se si usasse una PdC con COP = 3, quanto si spenderebbe? (*considerare che l'edificio poggi su terreno alla stessa temperatura interna dell'aria e i mesi da 30 giorni*)

6.2   Può rivelarsi interessante decidere di cambiare alcuni parametri di progetto dell'edificio dell'esercizio precedente e verificare come vari la spesa per il riscaldamento. Ad esempio, accettiamo una temperatura interna di un grado inferiore rispetto al caso precedente, usiamo finestre grandi la metà, con vetri doppi a λ_{fin} = 1,5 W/mK e rivestiamo i muri in modo che abbiano λ_{muri} = 0,15 W/mK. Quanto variano i fabbisogni?

6.3   Una parete di un edificio di dimensioni 3 m x 6 m, con un coeff. di assorbimento α = 0,7, è colpita perpendicolarmente dalla radiazione solare con potenza pari a 900 W/m^2. La temperatura dell'aria all'esterno è 28 °C, la temperatura superficiale esterna della parete è pari a 50 °C mentre la temperatura dell'aria interna è 26 °C.
La parete è costituita da uno strato di conglomerato cementizio (s = 20 cm λ = 1,2 W/mK). I coefficienti di scambio convettivo da utilizzare sono h_e = 25 W/m^{2}K all'esterno e h_i = 10 W/m^{2}K all'interno. Supponendo di essere in condizioni stazionarie dovete valutare:
*   la potenza termica dispersa per convezione verso l'ambiente esterno
*   se la temperatura superficiale esterna della parete è in aumento o diminuzione, trascurando le emissioni per irraggiamento della parete stessa sia internamente sia esternamente

6.4   Una parete di un edificio di dimensioni 3 m x 6 m, con un coeff. di assorbimento α = 0,8, è colpita perpendicolarmente dalla radiazione solare con potenza pari a 1000 W/m^2. La temperatura dell'aria all'esterno è 26°C, la temperatura superficiale esterna della parete è pari a 44 °C mentre la temperatura dell'aria interna è 24°C.

La parete è costituita da uno strato di conglomerato cementizio (s = 20 cm λ = 1,2 W/mK). I coefficienti di scambio convettivo da utilizzare sono h_e = 25 W/m^{2}K all'esterno e h_i = 10 W/m^{2}K all'interno. Supponendo di essere in condizioni stazionarie dovete valutare se la temperatura superficiale esterna della parete è in aumento o diminuzione, trascurando le emissioni per irraggiamento della parete stessa sia internamente sia esternamente.

6.5   Il sole emette radiazione con un picco alla lunghezza d'onda λ = 500 nm circa; è possibile stimare la sua temperatura superficiale. Se sì quanto vale in °C?

6.6   Un corpo emette radiazione con il picco alla temperatura superficiale di 700 °C; è possibile stimare la lunghezza d'onda.

6.7   Quanto vale la potenza irraggiata da una parete di 4 m^2 con coeff. di emissività 0,3 e temperatura superficiale 27 °C ?

6.8   Quanto vale la potenza irraggiata da una parete di 6 m^2 con coeff. di emissività 0,4 e temperatura superficiale 127 °C ?

6.9   Una finestra doppio vetro (h = 1,5 m e l = 2 m) è a contatto con l'aria, Δt = 20 °C, con le caratteristiche indicate in figura:

Calcolare la trasmittanza e la differenza tra la temperatura dell'aria e quella di superficie a destra.

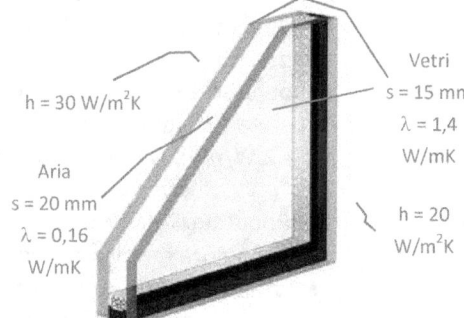

h = 30 W/m^{2}K

Aria
s = 20 mm
λ = 0,16
W/mK

Vetri
s = 15 mm
λ = 1,4
W/mK

h = 20
W/m^{2}K

6.10   Una parete vetrata verticale (λ = 1.4 W/mK, spessore 30 cm) è a contatto con l'aria, con le caratteristiche indicate in figura. Calcolare la trasmittanza totale, il flusso per convezione sul lato destro, la temperatura dell'aria sul lato destro e la potenza totale ceduta dal lato destro nelle stesse condizioni di temperatura, con un coefficiente di emissività ε pari a 0,4.

temp. vetro
18 °C

aria:
h = 20
W/m^{2}K

aria: 20 °C
h = 10 W/m^{2}K

6.11   Una parete piana separa una stanza a temperatura di 20 °C dall'ambiente esterno (supposto ad una temperatura costante t = 5 °C). Essa viene attraversata da un flusso specifico di calore pari a 50 W/m^2. Supponendo che tale parete sia costituita da un unico materiale (omogeneo e uniforme) di conducibilità λ = 0.3 W/mK, quale è lo spessore del muro? (h_i = 8 W/m^{2}K, h_e = 23 W/m^2 K.).

6.12   Un serbatoio metallico non coibentato contiene acqua che viene mantenuta alla temperatura di 90 °C ed è ubicato in un locale in cui la temperatura dell'aria è pari a 20 °C. Assumendo un valore del coefficiente liminare esterno h_e = 10 W/m^{2}K e interno infinito e che la temperatura della superficie esterna del serbatoio sia uguale a quella dell'acqua, calcolare: il flusso termico tra serbatoio ed ambiente e il flusso termico che si otterrebbe coibentando il serbatoio con uno strato di 5 cm di poliuretano (λ = 0,04 W/mK).

6.13   Il calore si trasmette nel vuoto?

6.14   Una parete larghezza 4 m, alta 2,5 m, con una finestra, larga e alta 100 cm, ha la parte in muratura composta da uno strato di laterizio ordinario (λ_L=0,72 W/mK) ha spessore 20 cm. Si assuma t_{est} = - 2 °C e t_{int} = 22 °C, h_{est} = 30 W/m^{2}K e h_{int} = 20 W/m^{2}K. Le finestre hanno due strati di vetro (λ_V=1,4 W/mK) 4 mm ciascuno e un'intercapedine di aria ferma (λ_A = 0,16 W/mK), spessa 15 mm. Si considerino i fenomeni di irraggiamento, già compresi nei coeff. di convezione. Calcolare la trasmittanza della finestra, la potenza complessiva che attraversa la parete così composta (muro + finestra), la temperatura superficiale del muro esterno.

6.15   Un serbatoio sferico di raggio 1 m, che contiene He liquido a 4 K, ha le pareti formate da 3 strati. Uno in fibra di vetro (λ = 0,046 W/mK, spessore 5 mm), l'altro in polistirene (spessore 20 mm) e quello esterno in gomma (λ = 0,13 W/mK, spessore 10 mm). I coeff. di convezione valgono 40 W/m^{2}K tra l'elio e parete e 30 W/m^{2}K all'esterno. La temperatura dell'aria esterna vale 20 °C e la potenza totale che entra nel serbatoio 3688 W. Trascurando l'irraggiamento, calcolare la trasmittanza delle pareti (compresa convezione), il coefficiente di conduttività del polistirene e la temperatura che raggiunge la superficie esterna.

6.16   Un cilindro di mezzo metro di raggio e cinque metri di altezza viene interrato verticalmente 3 metri al disotto del terreno, per utilizzarlo come accumulatore di acqua proveniente da pannelli solari posti sul tetto di una casa. Il cilindro è stato costruito con materiale polimerico con λ = 0,6 W/mK Supponendo che l'acqua dai pannelli arrivi a 90 °C, valutare la potenza ceduta dalle pareti del serbatoio per conduzione.

6.17   Una caldaia si trova all'esterno di un edificio e l'acqua calda viene immessa nel circuito interno attraverso un condotto esterno, lungo 3 m, spessore 10 mm e diametro 20 cm. Valutare la dispersione termica se il condotto è esposto ad un vento trasversale di 9 m/s e con temperatura dell'aria di 6 °C. Il condotto è di metallo e l'acqua viene inviata dalla caldaia a temperatura di 80 °C.

6.18   All'interno di un condotto cilindrico isolato, scorre vapore a T_{vap} = 600 K ed il condotto è immerso in un ambiente a 300 K. Note le dimensioni geometriche del condotto e le proprietà conduttive dei materiali e convettive coi fluidi, trascurando fenomeni radiativi, calcolare la potenza dissipata. (h_{int} = 50 W/m^2, h_{est} = 10 W/m^2, λ_{tub} = 40 W/mK, λ_{iso} = 0.04 W/mK, D_{int} = 10 cm, D_{est} = 11 cm, s_{iso} = 2 cm)

6.19   Dieci patate, appena estratte da una lunga bollitura, vengono immerse in acqua fredda a 10 °C costanti, per essere raffreddate fino a 20 °C. Il coefficiente di scambio termico convettivo sia pari a 100 W/m^{2}K. Calcolare il tempo di raffreddamento e il calore ceduto, immaginando una forma sferica a diametro 5 cm. *(λ = 50 W/mK, ρ = 1500 kg/m^3, c = 2 kJ/kgK)*

6.20   Un fluido a 120 °C scorre per 5 m in un condotto a sezione circolare in rame di spessore 10 mm, esternamente a contatto con aria a 20 °C.
Calcolare la potenza ceduta e la temperatura della superficie esterna in regime stazionario. *(λ_{CU} = 390 W/mK, h_i = 100 W/m^{2}K, h_e = 20 W/m^{2}K)*

6.21   Dei corpi metallici di forma cilindrica e raggio 2 cm, vengono raffreddati da 1000 °C a 400 °C in 3 minuti, da una corrente laterale di olio mantenuto a 40 °C costanti. Calcolare il valore del numero di Re. *(per il solido: λ_s = 500 W/mK, ρ_s = 9000 kg/m^3, c_s = 600 kJ/kgK; per il fluido: λ_f = 0,1 W/mK, ρ_f = 800 kg/m^3, c_f = 2000 kJ/kgK, μ_f = 0,005 kg/ms)*

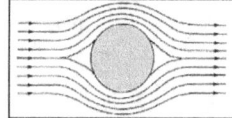

6.22   Una parete di 2 m per 2 m, formata in calcestruzzo e intonaco (calcestruz-
        zo: $\lambda = 1,4$ W/mK, spessore 10 cm; intonaco: $\lambda = 0,16$ W/mK, spessore 10
        mm) deve essere isolata per dimezzarne le dispersioni termiche quando i
        coeff. di convezione valgono 40 W/m^{2}K esterno e 30 W/m^{2}K all'interno. E'
        possibile utilizzare due tipi di isolante (isol$_1$: $\lambda = 0,1$ W/mK,   costo 400
        €/m^3; isol$_2$: $\lambda = 0,16$ W/mK, costo 300 €/m^3) calcolare la dispersione speci-
        fica, lo spessore degli isolanti, quale sia il più economico e il costo di que-
        sto isolamento.

6.23   Quanto costa isolare una parete spessa 20 cm di mattoni, per dimezzarne
        le dispersioni? (sup. parete = 6 m^2, resistenza totale $R_{tot} = 0.2$ m^{2}K/W, λ_{isol}
        = 0.05 W/mK, costo isolante = 100 €/m^3, $\Delta T = 15$ °C).

6.24   Il tetto di un garage viene irraggiato (potenza insolazione 600 W/m^2). Con
        un termometro a contatto, viene misurata la temperatura della superficie
        superiore, che risulta 35 °C. Il tetto è spesso 30 cm e ha un coeff. conduci-
        bilità $\lambda = 1$ W/mK ed emissività della superficie superiore del tetto pari a
        0,03 e della superficie inferiore pari a 0. Il coefficiente di riflessione della
        superficie superiore è pari a 0,4. I coeff. di convezione interni ed esterni
        valgono h = 10 W/m^{2}K. La temperatura dell'aria esterna vale 25 °C, quella
        dell'aria interna 15 °C. Proporre uno schema dei flussi energetici e calcola-
        re quanto vale la potenza scambiata per convezione con l'aria interna e
        calcolare se la temperatura della superficie superiore del tetto diminuisce
        o aumenta.

6.25   Una superficie di 100 m^2, caratterizzata da una emissività di 0,6, emette
        per irraggiamento una potenza di 0,5 MW. A che temperatura si trova la
        superficie?

6.26   Nel vuoto una piastra opaca, lunghezza 3 m e larghezza 4 m, è esposta al
        sole. La potenza termica riflessa vale $P_{rifl} = 1000$ W. Il coeff. di assorbimen-
        to del suo materiale vale 0.4. Quanto vale la potenza trasmessa per irrag-
        giamento attraverso la piastra?

6.27   Una stanza è formata da quattro pareti che scambiano calore (singola
        superficie 5 m^2) configurate secondo lo schema indicato (strato mattoni s
        = 10 cm, $\lambda = 1.8$ W/mK), due delle quali hanno ciascuna 2 finestre (1 m x
        0,5 m ciascuna, doppio vetro e aria, ciascuno strato spessore s = 10 mm,
        vetro $\lambda = 1.4$ W/mK, per l'aria ferma $\lambda = 0.16$ W/mK). Temperature: T_{sx} = -

4 °C T_{dx} = 11 °C. Trascurando la potenza fluente attraverso pavimento e soffitto e trascurando fenomeni di irraggiamento, calcolare: la trasmittanza totale della finestra, il flusso di potenza per unità di superficie della parte in muratura, la potenza che complessivamente esce dal locale, lo spessore dello strato d'aria ferma per portare a 200 W/m^2 il flusso delle finestre.

6.28   Quali sono gli elementi che contribuiscono a formare il coefficiente per lo scambio convettivo?

6.29   Una parete avente superficie complessiva S = 20 m^2, composta di due strati di differenti materiali, isola un ambiente alla temperatura T_i = 21 °C dall'esterno a temperatura T_e = -4 °C. Il primo strato è spesso s_1 = 50 mm ed ha conducibilità λ_1= 1,4 W/mK; il secondo strato è spesso s_2 = 10 cm ed ha conducibilità λ_2 = 0,3 W/mK. Il coefficiente di convezione vale 20 W/m^{2}K su entrambe le facce della parete. Trovare la potenza termica dispersa Q e le temperature di parete, compresa quella tra i due strati.

6.30   Una parete avente superficie complessiva S = 12 m^2, composta di due strati di differenti materiali, isola un ambiente alla temperatura T_i = 21 °C dall'esterno a temperatura T_e = 35 °C. Il primo strato è spesso s_1=50 mm ed ha conducibilità λ_1= 1,4 W/mK; il secondo strato è ha conducibilità λ_2 = 0,3 W/mK. Il coefficiente di convezione vale 10 W/m^{2}K su entrambe le facce della parete e il flusso di potenza è = 34,79 W/m^2. Trovare lo spessore dell'altro strato e le temperature di parete, compresa quella tra i due strati.

6.31   Una parete avente superficie complessiva S = 15 m^2, composta di tre strati di differenti materiali, isola un ambiente alla temperatura T_i = 18 °C dall'esterno a temperatura T_e = - 2 °C. Il primo strato è spesso s_1=50 mm e ha conducibilità λ_1= 1,4 W/mK; il secondo strato è spesso s_2= 100 mm e ha conducibilità λ_2 = 0,3 W/mK; il terzo strato è spesso s_3= 12 cm e ha conducibilità λ_3 = 0,2 W/mK. Il coefficiente di convezione vale 30 W/m^{2}K su entrambe le facce della parete. Trovare la potenza termica dispersa Q e le temperature di parete, compresa quella tra gli strati.

6.32   Una parete avente superficie complessiva S = 15 m^2, composta di 5 strati di differenti materiali, isola un ambiente alla temperatura T_i = 21 °C dall'esterno a temperatura T_e = - 15 °C. Il primo strato è spesso s_1= 50 mm e ha conducibilità λ_1= 1,4 W/mK; il secondo strato è spesso s_2= 100 mm e ha conducibilità λ_2 = 0,3 W/mK; il terzo strato è spesso s_3= 12 cm e ha conducibilità λ_3 = 0,2 W/mK; il quarto strato è spesso s_4= 1 cm e ha conducibilità λ_4 = 0,2 W/mK; il quinto strato è spesso s_5= 20 cm e ha conducibilità λ_5 = 0,1 W/mK. Il coefficiente di convezione vale 40 W/m^{2}K su entrambe le facce della parete. Trovare la potenza termica dispersa totale e specifica e le temperature di parete, compresa quella tra gli strati.

6.33   Una parete ventilata ha la stratigrafia proposta in figura. Si calcoli la trasmittanza   finale
della   pare-
te:

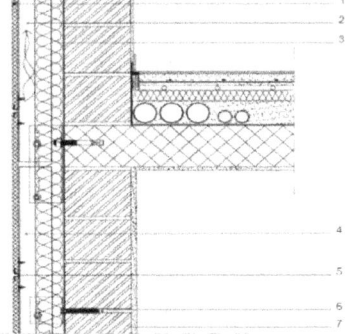

STRATI PRINCIPALI

1Elemento di rivestimento (o strato di protezione)
2Strato di ventilazione
3Elemento termosolante
4Elemento di sospensione del rivestimento
5 Elemento di aggrappo
6Sottostruttura
7Elemento portante

elemento	s (mm)	λ (W/mK)
1	10	1,5
2	50	0,03
3	100	0,05
7	120	1,9

$h = 7{,}7$ W/m^{2}K

6.34   Un ambiente si trova a 21 °C e la copertura è esposta al sole. Valutare la variazione delle differenze di temperatura da utilizzare nel calcolo della potenza trasmessa attraverso la parete, con il metodo della temperatura fittizia, comparando il caso di un rivestimento esterno in intonaco bianco e asfalto di copertura, in estate e in inverno.

6.35   Determinare la potenza termica necessaria a riscaldare un locale di 270 m³, che va mantenuto a 21 °C mentre la temperatura esterna è 0 °C. Il locale disperde calore, sia attraverso una parete avente una trasmittanza 1,4 W/m²K ed una superficie di 114 m², sia attraverso 4 finestre con trasmittanza pari a 2,8 W/m²K ed una superficie di un m² ciascuna. Altra fonte di dispersione è il ricambio d'aria, pari a 3 ricambi ora. L'acqua del sistema di riscaldamento subisce un salto di temperatura di 25 °C nell'impianto. Se non vi fossero dispersioni quanto varrebbe la potenza termica totale necessaria e la quantità d'acqua per l'impianto ogni ora?

6.36   Il filamento (l = 50 mm, raggio = 0.1 mm) di una lampadina ad incande-
        scenza si trova a 3000 K. Considerando abbia emissività 0,9 e che il vetro
        della lampadina si trovi a 300 K, quanto vale la potenza netta emessa dal
        filamento per irraggiamento). Provare a verificare di quanto poco vari
        questa potenza, se si raddoppiasse la temperatura del vetro.

6.37   Un tubo di rame (ε = 0,8) di raggio = 12 mm alla temperatura di t_s = 90 °C
        attraversa un ambiente alla temperatura T_a = 12 °C. Si calcoli la potenza
        emessa per irraggiamento per unità di lunghezza.

6.38   Confrontare la temperatura a cui si portano le superfici del tetto di due
        locali, uno verniciato di bianco (coeff. ass. = 0,12) ed uno di nero (coeff.
        ass. = 0,85), durante una giornata estiva in cui la radiazione solare fornisce
        un flusso incidente pari a 1100 W/m². Si supponga che la temperatura
        dell'aria sia pari a 34 °C e che il coefficiente di convezione forzata sia pari
        a 25 W/m²K.

6.39   Un locale misura 4 m per 7 m e 3 m di altezza, cede calore attraverso le
        sole pareti verticali, che hanno tutte trasmittanza U = 0,5 W/m²K. Vengo-
        no imposti 1,4 ricambi ora a pressione atmosferica. La temperatura ester-
        na è 0 °C, quella interna che si vuole 20 °C. Il locale viene riscaldato con
        una PdC con coefficiente di prestazione 4. Trascurando i passaggi di stato
        e i rendimenti degli altri componenti, quanto vale la potenza meccanica
        che la macchina assorbe?

6.40   Un appartamento viene riscaldato attraverso pannelli radianti. Se l'unità
        immobiliare ha superficie 100 m², ma la parte disponibile ai pannelli è solo
        l'80 %, a quale temperatura dovrà circolare l'acqua nei tubi per avere al-
        meno 3,3 kW ceduti per irraggiamento dal pavimento? (utilizzare come
        emissività un valore 0,7).

6.41   Si intendono valutare le dispersioni complessive di un edificio e verificare
        il coefficiente di dispersione volumica di progetto, secondo indicazioni
        normative, la cui nuova costruzione è prevista nel comune di Roma. Si
        tratta di un edificio residenziale monofamiliare, il cui prospetto nord si svi-
        luppa su due piani, per una altezza ciascuno di 3 m netti. L'altra metà
        dell'edificio, quella delimitata dal prospetto sud, si sviluppa in un solo pia-
        no. L'asse longitudinale dell'edificio è orientato est-ovest e questo lato

misura 13,8 m, mentre quello orientato nord-sud misura 11,7 m; le fine-stre a nord occupano 3,5 m^2, a sud 10 m^2, a est 6 m^2 e a ovest 4 m^2, mente la porta posta ad ovest, misura 1,7 m^2 e ha trasmittanza 1,66 W/m^{2}K. (si anticipa che l'esecuzione della soluzione di questo esercizio richiede un tempo piuttosto lungo).

Dati utili per i calcoli, gli altri dedurli dalle norme o fare ipotesi congruenti con la realtà.

Tutte le pareti opache verticali verso non riscaldato, hanno un cappotto e sono costi-tuite come segue:

Strati	Spessore [mm]	R [m²·K/W]
Adduttanza interna (flusso orizzontale)	0,0	0,130
Intonaco premiscelato Pronto	5,0	0,029
Intonaco di calce e gesso	15,0	0,021
Mattone forato 80 x 250 (giunti malta 5 mm)	80,0	0,220
Aria 40 mm (flusso orizzontale)	40,0	0,182
Intonaco di calce o di calce e cemento	20,0	0,022
Mattone forato 120 x 250 (giunti malta 12 mm)	120,0	0,310
Polistirene espanso sinterizzato in lastre da blocchi, UNI 7891 (20 kg/m3)	100,0	2,439
Intonaco di calce o di calce e cemento	15,0	0,017
Adduttanza esterna (flusso orizzontale)	0,0	0,040

La pavimentazione controterra

Strati	Spessore [mm]	R [m²·K/W]
Adduttanza interna (flusso verticale ascendente)		0,100
Intonaco premiscelato Pronto	10,0	0,058
Pignatta in laterizio	180,0	0,301
Calcestruzzo strutt. chiusa, aggregati naturali, esterni (2400 kg/m3)	50,0	0,024
Guaina in bitume	8,0	0,047
Pannello polistirene estruso XPS	110,0	2,750
Calcestruzzo (1800 kg/m3)	50,0	0,053
Piastrelle	10,0	0,010
Adduttanza esterna (flusso verticale ascendente)		0,040

La copertura verso l'esterno

Strati	Spessore [mm]	R [m²·K/W]
Adduttanza interna (flusso verticale discen...		0,170
Ceramica o porcellana	10,0	0,008
Pannello polistirene estruso XPS	80,0	2,000
Calcestruzzo (2200 kg a m3)	40,0	0,024
Cemento cellulare leggero	150,0	1,181
Calcestruzzo strutt. chiusa, aggregati natur...	350,0	0,168
Adduttanza esterna (flusso verticale discen...		0,040

Le finestre

Strati	Spessore [mm]	Lambda [W/m·K]	εni [-]	εne [-]
Adduttanza interna (flusso orizzontale)		7,690	0,890	0,890
Vetro da finestre (2500 kg/m3)	4,0	1,000	0,890	0,890
Aria 12 mm (flusso orizzontale)	12,0	0,080	0,890	0,890
Vetro da finestre (2500 kg/m3)	4,0	1,000	0,890	0,890
Adduttanza esterna (flusso orizzontale)		25,000	0,890	0,890

6.42 Utilizzando l'edificio dell'esercizio precedente, si valutino gli indici di prestazione in riscaldamento, utilizzando i dati calcolati nella soluzione. Inoltre, qualora disponibile, si utilizzi un codice di calcolo, per confrontare i risultati ottenuti dal calcolo manuale, ampliarli con i guadagni dell'edificio e i fabbisogni per l'ACS e i rendimenti globali dell'impianto, verificando nuovamente l'indice prestazionale complessivo.

6.43   Viene fornita la pianta e l'orientamento di una unità immobiliare sita in Milano, costruita nel 1968, adibita a residenziale con uso permanente. L'appartamento confina a Nord ed Est con l'esterno. L'unità è riscaldata con un impianto idronico a generatore a a metano centralizzato, con radiatori a muro.

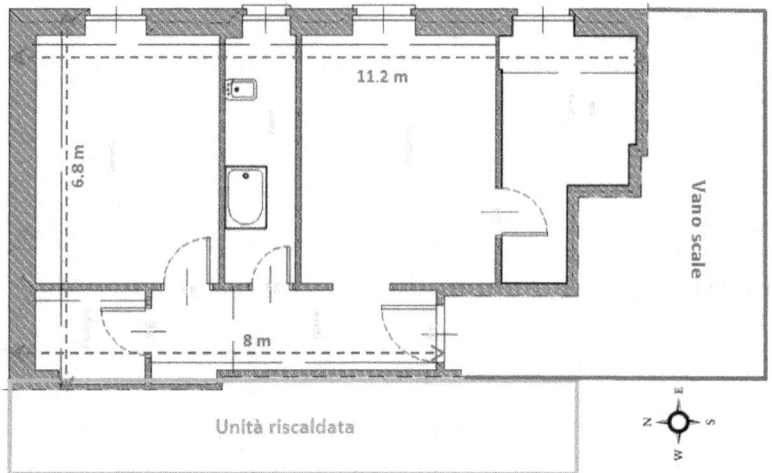

Utilizzando i dati della tabella e stimando quelli mancanti, calcolare i dati di bilancio energetico dell'unità, verificare i valori limite e confrontarsi con quelli calcolati con un codice di calcolo per una certificazione energetica.

elemento	misure (cm)	U
parete verso esterno	h = 300	0,62
pavimento e soffitto		0,62
pareti vs confinanti e ZNR	h = 300	0,77
1 finestra bagno	85x85	1,3
3 portefinestre vs Est	110x220	1,3

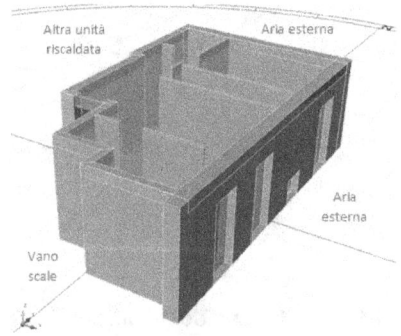

6.44   Villa Tiana si trova ad Induno Olona (VA). Si tratta di un edificio costruito
        intorno al 1800 e più volte rivisto, anche con aggiunte di volumetrie. Se ne
        consideri una porzione degli edifici attuali, la cui pianta è in figura, parte
        che si sviluppa su due piani sostanzialmente uguali, per un'altezza totale
        di 8 m; il piano terra ospita locali adibiti ad attività ricreative e mostre, si
        trova sopra un piano cantina non riscaldato, il piano superiore sarà una
        residenza. La distribuzione di finestre F e portefinestre PF per il piano ter-
        ra è indicata in figura, al piano superiore stessa posizione, ma sono tutte
        finestre. Le proprietà delle pareti e serramenti e gli impianti sono riportati
        in tabella. Il nord è ruotato in senso orario di 60° rispetto al alla verticale
        del disegno. L'impianto è costituito da una caldaia a metano da 115 kW e
        impianto distribuzione idronico a radiatori su parete non isolata.
        Questo esercizio propone di:
        • valutare il fabbisogno energetico della porzione indicata
        • proporre una serie di interventi compatibili con un progetto di restau-
          ro, che preveda di non cambiare l'aspetto esteriore dell'edificio
        • confrontare i valori energetici a valle degli interventi con quelli
          dell'attuale stato dell'edificio

Elemento	Caratteristiche
Pareti perimetrali	48 cm mattoni pieni e 1 cm intonaco da entrambi i lati
Pavimento verso cantina	1 cm piastrelle, 22 cm di vari calcestruzzi, 1 cm di intonaco
Copertura senza manutenzione	2,2 cm di abete, aria e cartone catramato 2 mm
(F) Finestra 140 cm per 230 cm	Vetro singolo, telaio legno
(PF) Portafinestra 180 cm per 330 cm	Vetro singolo, telaio legno

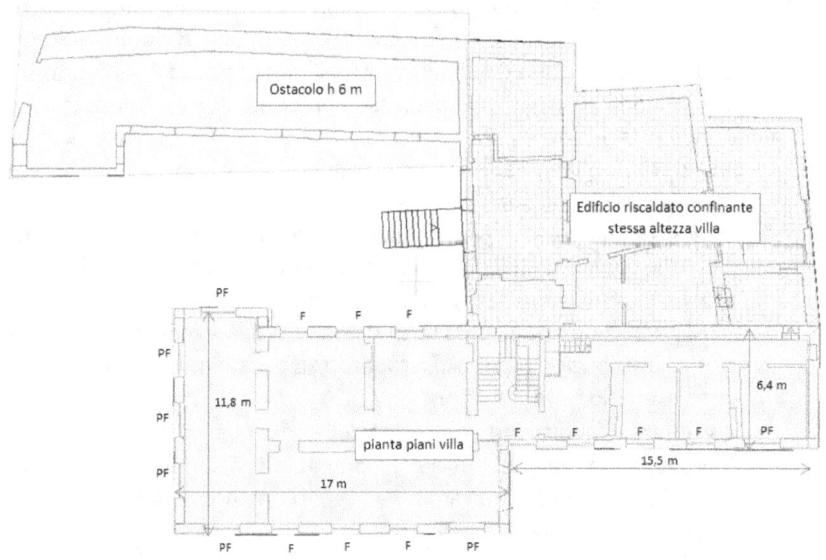

6.45   Due persone con le stesse condizioni di temperatura e parametri sulla
        propria superficie esterna, si trovano, come in figura, in due ambienti le
        cui condizioni di temperatura pareti e aria, sono invece invertite. Quale
        delle due avrà una migliore condizione di comfort ambientale?

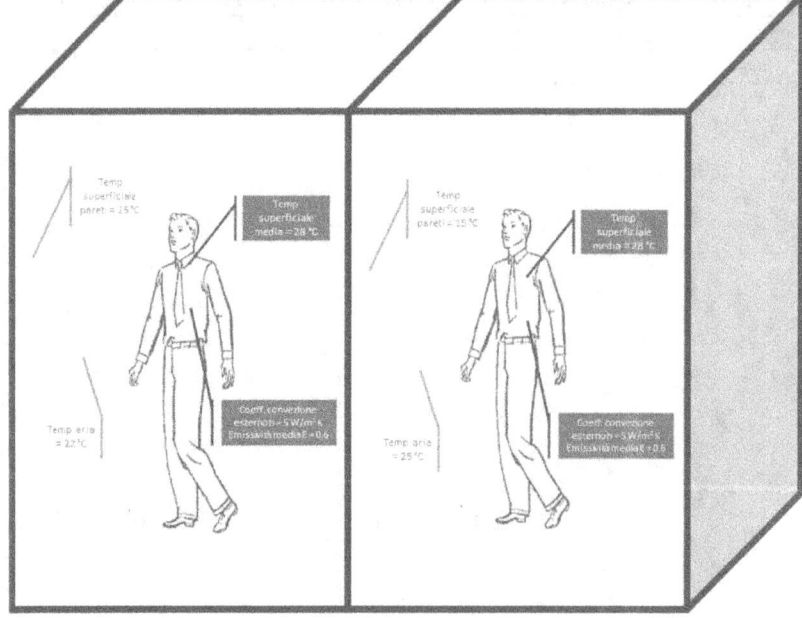

7   Processi e impianti per il benessere ambientale

7.1   Un locale di alt. 3 m, larg. 4 m e lung. 7 m, viene riscaldato immettendo una quantità di aria dall'esterno, pari al suo volume. La temperatura esterna è 0 °C, nel locale 20 °C. Utilizzando una stufa da 2 kW, quanti secondi occorrono per portare l'aria alla temperatura desiderata? (*considerare aria secca e come gas perfetto*)

7.2   Un locale alt. 5 m, larg. 15 m e lung. 20 m, viene riscaldato immettendo aria dall'esterno, pari al suo volume. La temperatura esterna è 4 °C, nel locale 19 °C. Quanti minuti impiega una stufa da 11 kW per portare l'aria alla temperatura desiderata? Se si volesse scaldare l'aria in 1 h, quanto dovrebbe essere potente? Se intendiamo riscaldare l'aria ogni giorno per 4 mesi e il costo dell'energia è 0,28 €/kWh, quanto ci costa il riscaldamento all'anno? (*considerare l'aria come secca e gas perfetto e i mesi da 30 giorni*)

7.3   Quali sono i parametri che garantiscono il benessere ambientale del nostro metabolismo? Quali sono i valori accettabili?

7.4   Utilizzando le tabelle, calcolare quanta potenza serve per portare isotermicamente una portata in massa di 6 kg/s alla temperatura di 120 °C da vapor saturo a miscela con titolo 0,5?

7.5   Durante i periodi caldi si voglia raffreddare l'aria e diminuirne il contenuto di umidità. Quanta energia serve per condizionare un ambiente?

7.6   Dobbiamo condizionare un ambiente prelevando aria a 24 °C e 70 % di umidità. Il flusso d'aria ha portata 0,09 kg/s. Come si ottiene questo risultato e con quale macchina? Quali saranno i consumi elettrici del condizionatore?

7.7   Come funzionano i sistemi di raffrescamento, che si vedono ad esempio presso le banchine delle fermate della metropolitana milanese, mediante nebulizzazione di acqua davanti a ventilatori?

7.8   Si vuole scaldare un locale attraverso un flusso di aria calda. L'aria prele-
        vata dall'esterno si trova a 24 °C e si immette nel locale con un flusso di
        portata 2 kg/s riscaldata di 10 gradi, il cui titolo vale 9,5 gr/kg$_{as}$. Quanta
        consuma una PdC in classe A per questo riscaldamento?

7.9   Un progettista intende valutare, in forma semplificata, il contributo
        energetico da sottrarre per ottenere il raffrescamento dell'aria in un edifi-
        cio. Indicare quali sono i passi principali da effettuare per ottenere un ri-
        sultato ai fini della progettazione del layout ambientale dell'edificio.

7.10   L'aria di un ambiente climatizzato deve essere tenuta a 25 °C. Il progetti-
        sta deve valutare uno scambiatore in tubo metallico sottile da 5 mm di
        raggio, percorso da aria o acqua, entrambe provenienti da uno scambiato-
        re centralizzato, raffreddato da una macchina frigorifera, che ne mantiene
        costante la temperatura a 10 °C e garantisce una portata di 2 kg/s. L'aria
        scorre a 20 m/s, l'acqua ad una velocità 10 volte inferiore e all'uscita dello
        scambiatore non si vuole una temperatura dei fluidi superiore ai 20 °C.

7.11   Descrivere il bilancio energetico per il metabolismo umano.

7.12   Un condotto fornisce ad un edificio 5000 m^3 di aria UR del 40 %, a pres-
        sione atmosferica. Si intende saturare questo flusso di aria, senza scambi
        di calore con l'esterno, spruzzando nella corrente acqua a 0 °C. Calcolare
        quanta acqua consumerà il vaporizzatore presente nella UTA.

7.13   In un ambiente utilizzato per asciugare grandi quantità di biancheria
        lavata, vengono introdotti ogni ora 1500 kg di aria secca a 80 °C. L'aria
        raggiunge saturazione a 30 °C e il processo, isoentalpico e isobaro, avvie-
        ne in 10 ore. Calcolare la quantità di vapore asportata.

7.14   In un caldo giorno, quando l'aria esterna si trova a 35 °C e UR 80%, si
        vuole rendere confortevole il clima in un appartamento di 100 m^2 e altez-
        za 3 m, attraverso un condizionatore a indice EER ideale 5. Internamente
        si vuole cambiare tutta l'aria ogni ora e si considerando solo gli apporti di
        calore derivanti da questa ventilazione. Disegnare sul piano p-h il ciclo fri-
        gorifero adatto per una macchina che dispone di R134a come fluido, con
        portata in massa 0,044 kg/s, facendo un'ipotesi congruente per la tempe-
        ratura inferiore del ciclo e superiore non isoentropica, per stimarne la rea-
        le efficienza.

8   Impianti e norme per la generazione di energia

8.1   Un singolo pannello solare termico è istallato nel comune di Pavia su una copertura e non sono presenti ostacoli ombreggianti. Il pannello, a tubi sottovuoto con collettore piano, ha un rendimento complessivo n_{coll} = 0.673 e una superficie utile di 2,3 m^2. Indicare le informazioni climatiche e l'energia prodotta dal pannello.

8.2   Un collettore solare opera ciclicamente, scambiando calore col fluido interno scaldato dal sole e con l'aria esterna a 17 °C. È in grado di raccogliere dal sole 300 W/m^2 e il fluido viene scaldato fino a 97 °C. Sapendo che questo collettore produce 500 W in lavoro, quale dovrà essere la usa dimensione minima?

8.3   Un collettore solare fornisce calore ad un motore termico. La temperatura dell'aria esterna è 26,85 °C, mentre la temperatura media del fluido vettore, proveniente dal collettore, è 96,85 °C. Proporre uno schema del sistema e, assumendo il motore termico come reversibile, calcolare quanto dovrebbe essere la superficie del collettore, con rendimento complessivo dello scambiatore con il motore, del 70 %, se posto nel comune di Milano, per produrre almeno 2 MJ di energia meccanica in un giorno. Valutare anche un rendimento complessivo del sistema.

8.4   Si vuole produrre acqua calda sanitaria per una famiglia di 3 persone tramite un impianto composto da una caldaia a gas metano e un pannello solare termico. Il fabbisogno giornaliero di acqua calda sanitaria per persona è di 50 litri. L'impianto è progettato affinché il 70 % di acqua calda sia prodotta dal pannello solare. Quanta energia solare deve assorbire giornalmente il pannello per poter produrre acqua calda a 45 °C sapendo che l'acqua viene presa dalla rete ad una temperatura di 15 °C e che, a causa di dispersioni termiche del pannello solare e dell'impianto, si perde il 15 % dell'energia solare assorbita?

8.5   Una conduttura ha un diametro 25 cm e trasporta una portata d'acqua pari a 200 kg/s. Il coefficiente di scambio termico tra condotto e acqua 30 W/m^{2}K e la differenza media di temperatura fra acqua condotto è pari a 50 °C, determinare la lunghezza del condotto che da luogo ad una perdita di temperatura dell'acqua di 10 °C e la potenza termica dispersa lungo tale lunghezza di condotto.

8.6   L'acqua contenuta in una piscina di dimensioni 25 m lunghezza, 10 m di larghezza e 5 m di profondità deve essere riscaldata dalla temperatura iniziale di 14 °C alla temperatura finale di 24 °C attraverso un generatore di calore alimentato a gas. Trascurando le perdite termiche della vasca e degli impianti di mandata, determinare la potenza termica che dovrà avere il generatore di calore nell'ipotesi in cui il riscaldamento dell'acqua debba avvenire in un tempo massimo di 20 ore e valutare la quantità di combustibile necessaria per riscaldare l'acqua ipotizzando che il rendimento del generatore di calore sia pari al 90 % (PCS gasolio = 44 MJ/kg).

8.7   Un impianto di cogenerazione produce sia energia elettrica che termica. Trascurando le perdite, se l'energia consumata dall'impianto è pari a 1200 MJ e l'energia elettrica prodotta è pari a 400 MJ calcolare l'energia termica prodotta e il rendimento di produzione di energia elettrica.

8.8   Un sistema a cogenerazione è costituito da un motore termico, rendimento 50 % che preleva potenza termica per 2500 kW, un generatore di elettricità con rendimento 0,8, alimentato dal lavoro del motore, una pompa di calore in classe A con rendimento 4,5. Il sistema soddisfa il fabbisogno elettrico di un'utenza che assorbe 250 kW e il fabbisogno termico per riscaldamento di ambienti di un'altra utenza, inviando a quest'ultima sia il calore prodotto dal motore, sia quello prodotto dalla pompa di calore. Schematizzare i flussi energetici di interesse e calcolare il rendimento complessivo del sistema.

8.9   Un impianto di cogenerazione del tipo a digestione anaerobica, è alimentato da un allevamento di 400 vacche da latte la cui stabulazione libera e altri trattamenti richiedono 150 MWh ogni anno in calore, comprese le perdite di accumulo e distribuzione e 20 MWh/anno per i sistemi elettrici e illuminazione. Sapendo che il potere calorifico inferiore del biogas prodotto è 20 MJ/m^3, la presenza di sostanza organica è 8 % rispetto al liquame e servono 4 kg per produrre un m^3 di gas e che la produzione di liquame è 19,8 t/anno per ogni animale, calcolare il calore netto disponibile e il lavoro elettrico netto. Valutare se un motore cogenerativo, da 40 kWe, sia utilizzabile per questo impianto e proporre uno schema logico dell'impianto.

8.10   Quali sono i principi e le modalità degli impianti di cogenerazione e di trigenerazione? Proporre esempi o schemi di funzionamento e bilanci energetici per valutare i cambiamenti nella resa degli impianti.

8.11   In un agriturismo si intende coprire il 50 % del fabbisogno di calore per il riscaldamento delle stalle e il 100 % del riscaldamento della parte residenziale, che in pianta misura 300 m^2. Il calore per la sola parte residenziale viene ottenuto attraverso una PdC con COP = 4. L'energia primaria è combustibile, ricavato dalla stabulazione di bovini del centro agricolo, alla quale sono necessari 225 MWh ogni anno di riscaldamento. Il fabbisogno termico del residenziale è invece valutato in 100 kWh/m^2 anno per il riscaldamento e 100 kWh/m^2 per l'ACS. Le utenze elettriche di tutto il centro, tranne la PdC, sono stimate in 3 MWh annui. Si dispone di un cogeneratore a combustione con rendimento termico 0,75 e rendimento elettrico del 20%. Schematizzare i flussi energetici, valutare il numero di animali minimi necessari per rispondere al fabbisogno elettrico e termico, sapendo che questi bovini producono 1 m^3 al giorno di biogas che ha un PCI di 24 MJ/ m^3.

8.12   I dispositivi che producono energia elettrica hanno costi, potenze di applicazione ed efficienze molto diverse. Provare a indicare dei valori tipici per le tecnologie indicate in tabella:

8.13   Si vuole dimensionare la superficie agricola da coltivare a mais con resa di 40 t/ha, allo scopo di alimentare la produzione di energia elettrica attraverso un MCI cogenerativo, della potenza di 2 MWe. Questo motore sarà in funzione per 7000 h all'anno e ha efficienze pari a 40% per la generazione elettrica e 50 % per quella termica. Sapendo che la tipologia di mais coltivabile in loco avrà un rendimento di sostanza organica pari al 45% del totale raccolto, che la produzione di biogas sarà 0,5 m^3/kg s.o., che il PCI di questo metano sarà 25 MJ/m^3, calcolare la superficie in km^2 e il rendimento del sistema.

Sistema	Potenza tipica kW	Efficienza %	Costi ciclo 20 anni ($/kW)
Fotovoltaico			
Generazione MCI in loco senza recupero			
Celle a combustibile			
Centrale con turbina gas			
Generazione MCI in loco con recupero			
Turbine eoliche			

8.14 Un locale in pianta 8 m per 10 m e altezza 3 m, va mantenuto a temperatura di progetto invernale, mentre la temperatura esterna è pari a - 5°C. Il locale confina con l'esterno, tranne la pavimentazione che confina con un locale alla stessa temperatura. Le pareti opache hanno trasmittanza 0,3 W/m²K. Sono inoltre presenti 4 finestre larghe 2 m e alte 1 m, con trasmittanza complessiva 2 W/m²K. Per il locale sono previsti 3 ricambi orari d'aria. Il locale è teleriscaldato e l'acqua del sistema del teleriscaldamento subisce un salto di temperatura di 10 °C nello scambiatore di calore che alimenta l'impianto di riscaldamento del locale. Supponendo unitario il rendimento dello scambiatore, determinare la potenza termica complessiva necessaria e la portata volumica oraria d'acqua di teleriscaldamento. (ρ_{aria} = 1,188 kg/m³ ; $c_{p\,H2O}$ = 1007 kJ/kg K).

8.15 Sulla copertura di un edificio si vuole istallare un impianto fotovoltaico per coprire il 50 % del fabbisogno di energia elettrica, su base annuale. I consumi dell'edificio sono 600 kWh per illuminazione, 400 kWh per utenze FEM, 1800 kWh per utenze singole unità immobiliari. L'edificio si trova in provincia di Taranto e non presenta ombreggiamenti. I pannelli hanno potenza di picco 0,15 kWp/m² e sono collocati su falda di copertura orientata a sud e inclinata di 30° sull'orizzontale, coefficiente di riflessione 0,10. Indicare uno schema con accumulo e valutare le dimensioni dell'impianto atto a fornire l'energia indicata.

8.16 Un proprietario di un terreno da 4 ettari sito a sud di Milano, deve scegliere se utilizzare i terreni per allevamento e coltivazione cercando di utilizzare queste produzioni dirette e di scarto per un impianto CHP oppure istallare pannelli fotovoltaici per 5 MW di picco. Proporre uno schema di valutazione per comparare le due diverse soluzioni. (PCI_{biogas} = 20 MJ/t; η_{term} = 40%; η_{elet} = 38%; h/anno funzionamento massime 8000; costo CHP 9000€/kWe; per il fotovoltaico P_{picco} = 1 kW per 7,5 m² di pannelli e 2000€ per ogni kW di picco; i dati mancanti vanno ricercati o stimati).

8.17 Descrivere un ciclo Rankine base e indicare quali applicazioni e miglioramenti vengono apportati negli impianti.

8.18 Prelevando 400 litri al secondo di acqua a 5 °C da un canale, si intende raffreddare un condensatore di un impianto a turbina Rankine, restituendo l'acqua a 17 °C. All'uscita del condensatore l'acqua si trova a 40 °C e la portata di circuito è di 14 kg/s, con pressione di condensazione 0,075 bar, mentre il vapore generato e surriscaldato dalla caldaia a 500 bar. Quanti MW di energia elettrica possono essere prodotti, se il generatore elettrico ha rendimento 0,4?

8.19   È possibile usare un ciclo Joule-Bryton per la produzione di energia? Da quali componenti è schematicamente formato il sistema? Disegnare il ciclo nel piano T-s e calcolare l'energia elettrica prodotta da un sistema ideale, con generatore elettrico a η_{el} = 0,8, rapporto di compressione 6, che operi con portata 1 kg/s di aria ideale tra 20 e 1200 °C e pressione atmosferica.

8.20   Un impianto genera 300 MW di potenza elettrica, con un generatore elettrico che disperde solo il 4% dell'energia meccanica disponibile, attraverso un ciclo Rankine alimentato a carbone (PCI = 29,3 MJ/kg), nella cui combustione un quarto del calore viene disperso nella caldaia. Calcolare il rendimento dell'impianto e quanto combustibile sia necessario per un'ora di funzionamento. *(Temperatura ingresso turbina 723,15 K e pressione 5 MPa. Pressione ingresso condensatore 25 kPa)*

9 Acustica e Illuminotecnica

9.1   Una nave emette un "fischio breve di accosto" Ammesso che dalla sorgente il suono si propaghi insieme in aria e in acqua parallelamente, dopo quanto tempo saranno stati percorsi 7,5 km?

9.2   Una sorgente emette suono a frequenza 700 Hz. Se si propaga in un mezzo con λ = 20 cm, quale saranno la frequenza e la velocità di propagazione?

9.3   Utilizzando la legge empirica che lega la velocità di propagazione del suono in aria alla temperatura, calcolare le velocità e le frequenze di propagazione di un'onda sonora generata in strada (-5 °C) quando si propaga all'interno di un edificio. (t_{est} = -5 °C, t_{int} = 25 °C, f_{est} = 500 Hz).

9.4   Qual è la potenza di una sorgente e l'energia totale per suonare 8 minuti, se è in grado di emettere un suono con potenza di 216 kJ ogni ora?

9.5   Valutare la pressione sonora (dB) di cui risenta un addetto alto 180 cm, che entri in un capannone di un'azienda, se sono in funzione a 5 m da lui due trapani e una smerigliatrice, entrambi lavoranti a 1 m di altezza.

9.6   Quale potenza ha un impianto acustico, se a distanza di 160 cm da esso, l'intensità sonora rilevata da un microfono sferico è 140 dB?

9.7   Un compressore del peso di 400 kg si trova su una piastra e il suo motore gira a 600 g/min. Si vorrebbe isolare almeno l'80 % delle vibrazioni in questa base attraverso 8 molle uguali, con smorzamento viscoso trascurabile. Valutare in modo semplificato la rigidezza elastica delle molle, al fine di ammortizzare la piastra.

9.8   Si vuole insonorizzare un locale lungo 6 m, largo 10 m e alto 4 m, dove siano presenti 10 persone con assorbimento c_{pe} = 0.6, in particolare per rumori di frequenza 1000 Hz, con un livello sonoro I_1 = 50 dB. Si prevede di utilizzare pannelli con fonoassorbenza c_{pa} = 0.8. I coeff di assorbimento valgono c_{ve} = 0.04 per pareti verticali e c_{or} = 0.03 per quelle orizzontali. Calcolare il valore dell'intensità a seguito dell'applicazione dei pannelli.

9.9   Due sorgenti sonore ad emissione sferica, in prossimità di un piano di riflessione esteso, emettono un livello di potenza 95dB(A) da 7 m da un ricevitore la prima e 101 dB(A) da 12 m la seconda. Calcolare la pressione sonora misurata dal ricevitore.

9.10   Sia data una stanza lunga 12 m, larga 7 m e alt 5 m. Le pareti siano rivestite in legno avente coefficiente di assorbimento 0,7 alla banda di ottava di 1000 Hz. Sul soffitto sia presente un rivestimento fonoassorbente con α = 0,3 a 1000 Hz. Il pavimento, includendo il contributo delle sedie, abbia un α medio pari a 0,6 a 1000 Hz. Su una delle pareti sia presente una finestra di 4 m^2 con α = 0,9 a 1000 Hz e una porta di 2 m^2 avente α = 0,8 a 1000 Hz. Si calcoli il tempo di riverbero della stanza alla banda di ottava di 1000 Hz.

9.11   Una sorgente luminosa ha intensità 100 cd. Valutare quanto sia l'illuminamento ad una distanza di 2 m dalla sorgente, se questa si espande sfericamente. Calcolare anche quanto varrebbe il flusso luminoso riferito ad un cono di ampiezza 30 °.

9.12   Valutare quanto debba essere l'intensità luminosa in direzione verticale, per la sorgente di cui si riporta curva fotometrica, sapendo che si deve effettuare un lavoro generico, su un banco a 2 m di distanza, con un angolo di 60°.

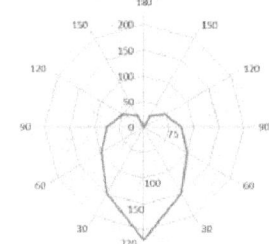

9.13   Calcolare con l'uso di tabelle, il numero di sorgenti da applicare al soffitto per ottenere un illuminamento da 300 lx, su un tavolo piano da 0,5 m^2, che si trovi a 3 m dal soffitto in una sala 3 m per 6 m, con illuminazione diretta e sorgenti a fascio largo, sapendo che la riflessione soffitto e pareti è 50 %. Le lampade da usare hanno tutte flusso 100 lm, fattore manutenzione 0,8 e di deterioramento 0,5.

9.14   Si considerino 2 sorgenti di rumore. La prima posta ad una distanza di 5 m da un osservatore, emette rumore con potenza sonora 90 dB(A). La seconda posta a distanza di 8 metri, emette rumore con potenza sonora 92 dB(A). Entrambe le sorgenti emettano in maniera sferica. La prima sorgente sia posizionata in prossimità di un piano riflettente orizzontale indefinitamente esteso, la seconda in prossimità di un piano riflettente orizzontale indefinitamente esteso ed emetta in prossimità di un muro molto alto.

Soluzioni capitolo: Le grandezze fisiche e le unità di misura

1.1   È il Sistema Internazionale SI o, in inglese, International System of Units. È un sistema metrico decimale, in cui molte unità di misura sono derivate dai precedenti sistemi CGS e MKS.

La separazione dei decimali si fa con la virgola, non con il punto come nel sistema anglosassone e se si vuole raggruppare le migliaia, si dovrebbe farlo separandole con un solo uno spazio, non con un punto come si trova nella letteratura scientifica e anche in questo testo.
Il sistema SI è adottato per legge, quindi d'obbligo negli atti ufficiali, in Italia dal 1982.

Secondo un aneddoto, sembra che gli Stati Uniti si opposero all'SI perché promosso dai francesi, troppo atei e quindi non in armonia con le leggi fisiche che regolano il creato.

1.2   Nessun sistema di misura ammette la stessa unità per le tre grandezze, perché le prime due sono forme di energia (in transito) e per entrambe nel S.I. è previsto il joule (in alcuni sistemi ci sono unità omogenee, ma diverse per le due grandezze), la temperatura invece è un indice dell'agitazione termica molecolare e, nel S.I. si misura in kelvin.

1.3

5 CV	3680 W
5 CV	3,68 kW
6 J	1,434 cal
7000 kcal	8,135 kWh
2,5 kWh	9000 kJ

1.4

3 Btu	756,49 cal
5 CV	conversione non possibile; la prima u.d.m. si riferisce alla potenza la seconda all'energia
1 atm	1,01325 bar
139 °C	412, 15 K
38 °C	100,40 °F

1.5

12 kWh	10325 kcal	Energia
3 atm	3,04 bar	Pressione
7 K	- 266,15 °C	Temperatura
0,5 gr/cm^3	500 kg/m^3	Massa volumica (densità)
2000 kg/h	0.556 kg/s	Portata in massa

1.6

500.000 Pa	4,9346 atm	3750 torr	5,10 kg$_p$/cm^2

1.7

5.275.280 J	1260,82 kcal	1,465 kWh

1.8   Andrebbe bene qualsiasi grandezza di stato ad esempio: temperatura ed
       energia interna

1.9   kWh e N: no perché la prima è una energia la seconda una forza
       kcal/h e J/s: sì sono entrambe le u. di m. della potenza, la seconda è il W
       unità del SI.
       Nm e kW: no perché la prima è una energia la seconda una potenza.
       kW e kJ/s sì sono la stessa u. di m., quella della potenza.

1.10   10 K
       T$_{fin}$ = 310 K

1.11   373,15 K
       212 °F

1.12   - 273,15 °C
       - 459,67 °F
       (giustamente il testo dell'esercizio coniuga il verbo al condizionale, poiché tutti i
       corpi reali si trovano a temperature superiori allo zero assoluto).

1.13   Ogni ora è di 3600 s, per cui 7200/3600 = 2 kg/s

1.14   Supponiamo di utilizzare la massa di un fluido che passa in un condotto. La portata in massa è la massa che transita nell'unità di tempo. Sostituiamo alla massa il prodotto massa volumica per volume e poi al volume il prodotto area della sezione del condotto per lo spazio s percorso dalla massa in un secondo. Lo spazio è velocità per tempo, per cui, dopo aver semplificato rimane, la massa volumica moltiplicata per l'area e per la velocità del fluido nel condotto:

$$\dot{m} = \frac{m}{t} = \frac{\rho \cdot V}{t} = \frac{\rho \cdot A \cdot s}{t} = \rho \cdot A \cdot v$$

Dimensionalmente quindi:

$$\left[\frac{kg}{m^3} \cdot m^2 \cdot \frac{m}{s} = \frac{kg}{s}\right]$$

Dopo la semplificazione l'unità di misura che rimane è kg/s proprio quella della portata in massa. E' verificata quindi la congruenza tra le equazioni usate per la grandezza fisica e i corrispettivi passaggi tra le unità di misura.

1.15   Dalla definizione di potenza:

$$P = \frac{E}{t}$$

ricaviamo che

$$E = P * t$$

Siamo quindi in grado di calcolare l'energia consumata per ogni intervallo:

$$E_{8:00-10:00} = 10\,000\,W * 2h * 3\,600\,\frac{s}{h} = 72\,000\,000\,J = 72\,000\,KJ = 72\,MJ$$

$$E_{10:00-12:00} = 8\,000\,W * 2h * 3600\,\frac{s}{h} = 57600000\,J = 57\,600\,KJ = 57.6\,MJ$$

$$E_{12:00-14:00} = 0\,W * 2h * 3\,600\,\frac{s}{h} = 0\,J$$

$$E_{14:00-16:00} = 6\,000W * 2h * 3\,600\,\frac{s}{h} = 43\,200\,000\,J = 43\,200\,KJ = 43.2\,MJ$$

$$E_{16:00-18:00} = 4\,000W * 2h * 3\,600\,\frac{s}{h} = 28\,800\,000\,J = 28\,800\,KJ = 28.8\,MJ$$

In totale sarà

$$E_{tot} = 72\,000\,kJ + 57\,600\,kJ + 43\,200\,kJ + 28\,800\,kJ = 201600\,kJ$$

La potenza media sarà invece:

$$\dot{E}_{media} = \frac{201600000}{36000}\,\frac{J}{s} = 5600W$$

Soluzioni capitolo: Elementi di fisica generale

2.1   Per prima cosa portiamo le unità di misura in S.I. per cui 360 km/h equi-
        valgono a 100 m/s. Poiché la velocità dell'auto passa da 0 m/s a 100 m/s
        in 10 s, la sua accelerazione vale:

$$a = \Delta v\big/_{tempo} = \frac{100}{10}\frac{m/s}{s} = 10\,m\big/_{s^2}\ \text{e}\ F = m \cdot a = 1000 \cdot 10 kg \cdot m\big/_{s^2} = 10000\,N$$

2.2   P = 6,25 kW

2.3   t = 19,6 s

2.4   P = 4,708 kW

2.5   Varie strade perseguibili, ad esempio: ρ = p/g h = 800 kg/m^3

2.6   Il volume è V = 8 m^3 , la massa contenuta m = ρ V = 6400 kg.
        La portata in massa media in uscita dal foro $\dot{m} = m\big/_{tempo} = 640\,kg\big/_{s}$

2.7   L = 2 m e la portata in volume = 0,4 m^3 / s

2.8   Portata in massa 0,192 kg/s

2.9   Potendo considerare l'aria un gas perfetto avremo:

$$L = \int_1^2 pdV = mRT\ln\frac{p_1}{p_2} = 5 \cdot 287 \cdot 273\ln\frac{10}{15}kg \cdot \frac{J}{kgK}K = -158.843\ J$$

2.10   L = 966,5 J

2.11   Ricordando che la potenza vale: $P = \frac{L}{t}$

per prima cosa trasformiamo il lavoro in unità del S.I.
$$L = 1\,500 \text{ kWh} * \frac{3\,600 \text{ s}}{1 \text{ h}} = 5\,400\,000 \text{ kWs} = 5\,400\,000 \text{ kJ}$$
Trasformiamo anche il tempo in unità del S.I.
$$10 \text{ min} * \frac{60 \text{ s}}{1 \text{ min}} = 600 \text{ s}$$
otteniamo:
$$P = \frac{L}{t} = \frac{5\,400\,000 \text{ kJ}}{600 \text{ s}} = 9\,000 \text{ kW} = 9 \text{ MW}$$

2.12   Trascurando il peso dell'aria (incide circa 1/1000 rispetto all'acqua) e
quello del nylon, la barca co-
mincerà a risalire quando la
spinta verso l'alto equilibrerà il
peso della barca stessa o meglio, non appena lo sorpasserà.
La spinta verso l'alto, per il
principio di Archimede sarà
equivalente al peso del volume
di acqua occupato. In parte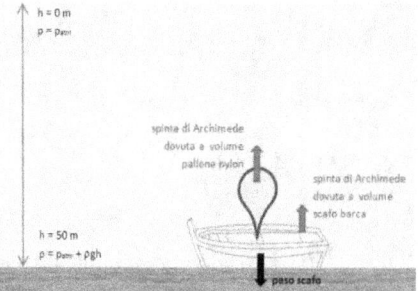
questa spinta è già presente anche sul fondo, perché anche lo scafo di fer-
ro della barca occupa un certo volume di acqua, ma la spinta che ne deriva, evidentemente, non è sufficiente per equilibrarne il peso.

Peso della barca $P_B = m_{fe} \, g$ = 98100 N
Volume dello scafo V_{fe} = m/ρ_{fe} = 1,041 m^3
La spinta di Archimede è $S_A = m_a \, g = \rho_a \, V_{H2O} \, g$
E poiché dovrà essere $S_A = P_B$ ne deriva che il volume di acqua da occupa-
re, sarà $V_{H2O} = P_B / \rho_a \, g$
Il volume dell'aria dovrà occupare quella parte di questo, non occupata
già dallo scafo $V_{aria} = V_{H2O} - V_{fe}$ = 8,958 m^3

Una volta che il pallone comincia a salire, immaginando non ci siano perdite, il suo volume aumenterà perché la pressione esterna dovuta
all'acqua dipende dalla profondità (principio di Stevin), scenderà. Il volume del pallone, arrivati al pelo dell'acqua, sarà il volume occupato dalla
stessa massa che serve a sollevare la barca, ma con la pressione atmosferica e non più quella a 50 m di profondità, che era dovuta a quella atmosferica più quella del peso della colonna di acqua di 50 m.
$V_{aria\,2}$ = 52,324 m^3

2.13   La pressione del gas sarà il risultato della pressione atmosferica e quella
        dovuta a peso del pistone. Data l'altezza h del pistone la pressione che
        questi esercita sul gas nel cilindro sarà:

$$p_{gas} = \frac{peso}{area} = \frac{m \cdot g}{area} = \frac{\rho \cdot V \cdot g}{area} = \frac{\rho \cdot area \cdot h \cdot g}{area} = \rho \cdot g \cdot h = 9319,5 \text{ Pa}$$

la pressione totale sarà quindi la somma delle due pressioni:
p_{gas} = 1,013 + 0,093195 = 1,106195 bar

2.14   E' possibile eseguire direttamente il calcolo scalare, dato che le forze sono
        distribuite nella stessa direzione. La forza risultante indicata con R, sarà la
        differenza tra quella da voi esercitata, indicata con F e il peso del corpo
        indicato con P: $R = F - P = 100 - m \cdot g = 100 - 5 \cdot 9,8 = 51N$

2.15   Per rispondere è sufficiente usare le equazioni delle grandezze richieste,
        legate alle loro definizioni. I calcoli vanno fatti dopo aver convertito le uni-
        tà dei dati di velocità dell'esercizio in S.I. Tutti i valori possono essere cal-
        colati in forma scalare, non essendoci variazioni di traiettoria.
        L'accelerazione è la variazione di velocità, rispetto all'intervallo di tempo
        in cui occorre: $a = \frac{\Delta v}{tempo} = \frac{(27,78-8,33)}{15} \frac{m/s}{s} = 1,29 \frac{m}{s^2}$

La quantità di moto è il prodotto tra massa e velocità, per cui la sua variazione è: $\Delta mv = m\Delta v = 700 \cdot (27,78-8,33)kg\frac{m}{s} = 13615 \; kg\frac{m}{s}$

La forza è il prodotto di massa per accelerazione:
$$F = ma = 700 \cdot 1,29kg\frac{m}{s^2} = 903N$$

Il valore dell'energia cinetica iniziale e finale:
$$E_{ki} = \frac{1}{2}mv_i^2 = 24286,4kg\frac{m^2}{s^2} = 24,286kJ$$
$$E_{kf} = \frac{1}{2}mv_f^2 = 270,105kJ$$

Si noti che l'energia cinetica è diventata più di 10 volte tanto.

2.16   Il tubo di Pitot è uno strumento atto a misurare la velocità dei fluidi e in particolare viene montato su tutti i mezzi volanti o che hanno importanti interazioni con l'aria, come anemometro, per capire con quale velocità il mezzo si muove nell'aria. Aria senza effetti dinamici viene presa da ingressi statici (a) e quella che porta la pressione dinamica dall'ingresso allineato con il moto del quale si deve misurare la velocità rispetto l'aria (b). Per calcolare la richiesta nell'esercizio, si deve applicare il I principio

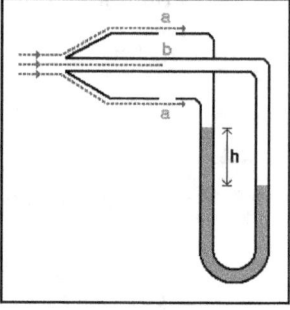

per i sistemi aperti, dove si consideri Q = 0. Dividendo per la massa le energie cinetiche e di pressione date dal prodotto pV e sapendo che nella presa statica la velocità è = 0, otteniamo: $\dfrac{v_a^2}{2} + \dfrac{p_f}{\rho_{aria}} = \dfrac{p_s}{\rho_{aria}}$

Dove p_f rappresenta la pressione misurata dal fluido in movimento (b) e p_s quella statica del fluido indisturbato (a). A questa temperatura:

$$\rho_{aria} = \frac{p}{RT} = \frac{101320}{287 \cdot 3731,5} = 1,247\ \frac{kg}{m^3}$$

Esplicitando per v_a e usando la legge di Stevino, possiamo calcolare il suo valore numerico:

$$v_a = \sqrt{2\left(\frac{p_s - p_f}{\rho_{aria}}\right)} = \sqrt{2\left(\frac{g(\rho_{fluido} - \rho_{aria})}{\rho_{aria}}\right)} =$$

$$= \sqrt{2\,\frac{9.81 \cdot 0.035(500 - 1.247)}{1.247}} = 16,57\ \frac{m}{s}$$

Lo strumento visibile al pilota segnalerebbe una velocità rispetto all'aria di circa 60 km/h.

2.17   Per risolvere questo esercizio dobbiamo richiamare la prima legge di Ohm, la legge di Joule e uguagliare, potendo trascurare le perdite per trasmissione dal contenitore verso l'esterno, il calore prodotto per effetto Joule con la relazione isobara del riscaldamento delle masse:

- intensità di corrente i = ΔV/R = 44 A (dato che la tensione domestica è 220 V)
- $P_{eff\ joule} = ΔV * i = R * i^2 = 9680\ W$
- $Q_{eff\ joule} = P_{eff\ joule} * tempo$
- $Q_{termico} = m\ c_p\ ΔT = Q_{eff\ joule}$
- $ΔT = (P_{eff\ joule} * tempo) / m\ c_p = 20,8\ °C$

2.18   Calcoliamo dapprima il volume dell'acqua
$$V = 50\ m * 25\ m * 2\ m = 2\ 500\ m^3$$
sapendo che la massa volumica dell'acqua vale $\rho_A = 1000\ \frac{kg}{m^3}$
Calcoliamo la massa totale di acqua contenuta nella piscina
$$m = V * \rho_A = 2500\ m^3 * 1000\ \frac{kg}{m^3} = 2500\ 000\ kg = 2500\ t$$
Per effetto della accelerazione di gravità $g = 9.81\ m\ s^{-2}$, la massa d'acqua esercita una forza pari a
$$F = m * g = 2\ 500\ 000\ kg * 9.81\ m\ s^{-2} = 24\ 525\ 000\ \ kg\ m\ s^{-2}$$
$$= 24\ 525\ 000\ N$$
Essendo l'area del fondo $A = 50\ m * 25\ m = 1\ 250\ m^2$
La pressione P esercitata dalla forza F sull'area A vale
$$P = \frac{F}{A} = \frac{24\ 525\ 000\ N}{1\ 250\ m^2} = 19\ 620\ Pa$$
NB: la soluzione poteva anche essere calcolata con la legge di Stevino, la quale stabilisce direttamente che la pressione P esercitata da un fluido di massa ρ ad una quota h per effetto della accelerazione di gravità g è uguale a: $P = \rho * g * h$
Nel nostro caso:
$$P = 1000\ \frac{kg}{m^3} * 9.81\ m\ s^{-2} * 2\ m = 19\ 620\ Pa$$
Per valutare la portata d'acqua necessaria al riempimento partiamo dalla considerazione che il nostro obiettivo è fornire il volume totale in 1 giorno = 24 h.
Quindi la portata volumica richiesta $\dot{V}$ sarà:
$$\dot{V} = \frac{2500\ m^3}{24\ h} = 104.2\ \frac{m^3}{h} = 104.2\ \frac{m^3}{h} * 1000\ \frac{l}{m^3} = 104\ 200\ \frac{l}{h}$$

2.19   Innanzitutto valutiamo il volume dell'aula:
$$V = 20\ m * 30\ m * 8\ m = 4\ 800\ m^3$$
Per calcolare la massa d'aria contenuta usiamo l'equazione di stato dei gas:
$$P * V = m\ R^* T$$
Nella quale $R^* = 287\ \frac{J}{kg\ K}$, $P = Pressione\ standard = 101\ 325\ Pa$
Ricaviamo:
$$m = \frac{P * V}{R^* T} = \frac{101\ 325\ Pa * 4\ 800\ m^3}{287\ \frac{J}{kg\ K} * 293\ K} = 5784\ kg$$
Notiamo anche che nelle condizioni fissate la massa volumica dell'aria vale

$$\rho = \frac{m}{V} = \frac{5784 \, kg}{4800 \, m^3} = 1.205 \, \frac{kg}{m^3}$$

Per garantire 3 ricambi ora la portata in massa (in unità del S.I.) dovrà essere:

$$\dot{m} = \frac{3 * 5784 \, kg}{1 \, h} = \frac{3 * 5784 \, kg}{1 \, h} * \frac{1 \, h}{3 \, 600 \, s} = 4.82 \, \frac{kg}{s}$$

Ricordando che la portata in massa di un fluido di massa volumica ρ che scorre a velocità v in un condotto a sezione costante A vale

$$\dot{m} = \rho * A * v$$

ricaviamo

$$A = \frac{\dot{m}}{\rho * v} = \frac{4.82 \, \frac{kg}{s}}{1.205 \, \frac{kg}{m^3} * 2.5 \, \frac{m}{s}} = 1.6 \, m^2$$

2.20 Il gas ideale è un modello per interpretare il comportamento di un gas, ipotizzando che in alcune condizioni un gas reale possa avvicinarsi a questo modello, caratterizzato dalla legge dei gas perfetti: p$V = nRT$; l'uso di questo modello semplificato ha l'evidente vantaggio di equipararsi a problema di primo grado. Nell'equazione p è la pressione, V il volume, T la temperatura assoluta, n il numero di moli e $R \cong 8.314 \frac{J}{mol \, K}$ la costante universale dei gas perfetti, valore per il SI. Altra assunzione è che l'energia interna e l'entalpia risultano funzione monotona della sola variabile temperatura. Il modello di gas perfetto si basa sulle seguenti ipotesi:

- le molecole sono immaginate come sfere di volume pressoché nullo e trascurabile rispetto al volume occupato dal gas
- il moto delle molecole avviene con le medesime probabilità in ogni direzione
- non sono presenti forze di attrazione e repulsione tra le molecole e gli urti tra le molecole e il recipiente e tra una molecola e l'altra si considerano elastici;
- ad ogni singola molecola vengono ad essere applicare le leggi della meccanica classica

E' stato rilevato sperimentalmente che l'equazione di stato dei gas perfetti approssima il comportamento p-v-T dei gas reali solo a bassa densità, vale a dire nel caso di basse pressioni ed elevate temperature.

Nel grafico sono riportati gli errori per il **vapore d'acqua**, nella determinazione del volume massico, in funzione di T, p, v. Si osserva che, a pressioni inferiori a 100kPa, trattato come un gas perfetto, indipendentemente dalla temperatura con un errore inferiore dello 1,5 %. A pressioni più elevate l'approssimazione comporta errori inaccettabili, in particolare in vicinanza del punto critico e della curva limite superiore. Nelle applicazioni che riguardano il condizionamento dell'aria, la pressione del vapor d'acqua è molto bassa, l'approssimazione a gas perfetto risulta quindi accettabile, mentre negli impianti a vapore la pressione è generalmente molto elevata e sono presenti errori eccessivi.

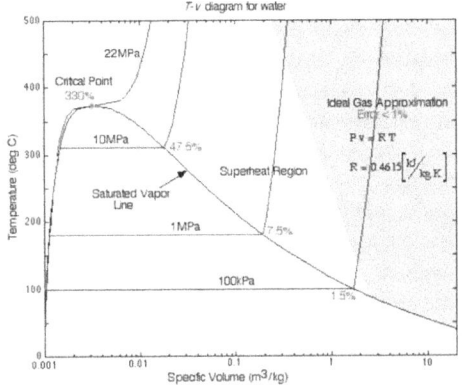

Nel caso dell'**aria atmosferica**, è possibile considerare l'insieme come una miscela a due componenti, aria secca e vapore d'acqua. In molte applicazioni, la pressione parziale del vapore è inferiore alla sua pressione di saturazione e la temperatura dell'aria rimane tra -10°C e circa 50°C. In questo campo di variazione, sia l'aria secca che il vapore d'acqua, possono essere trattati come gas perfetti, con una perdita di precisione trascurabile (inferiore allo 0,2 %). E' normale considerare il vapore come gas ideale anche quando questo è vicino alla saturazione, data la quantità relativamente piccola in cui è presente nell' aria, < 1 % a 20-25 °C: nelle applicazioni più comuni del trattamento dell'aria, questa si può considerare miscela di gas perfetti.

Soluzioni capitolo: Bilanci energetici e principi

3.1   Diminuisce sicuramente se il sistema cede anche lavoro.

3.2 $\Delta U = \sum Q + \sum L = 0$ e poiché U è funzione monotona di T, T rimane costante

3.3   Inizialmente calcoliamo la variazione di energia interna tra A e B, che, come noto, non dipende dai percorsi seguiti:
$\Delta U_{AB} = Q_{AB} + L_{AB} = 100 - 40 = 60$ kJ (il lavoro è negativo in quanto fatto dal gas, quindi uscente dal sistema)

Poiché lungo A2B il calore scambiato è 72 kJ ne segue per il primo principio che $L_{A2B} = -12$ kJ (uscente)

Allo stesso modo possiamo calcolare L_{BA} perchè la variazione di energia interna, tornando ad A dovrà essere uguale e contraria a quella AB. $\Delta U_{BA} = -\Delta U_{AB} = -60$ kJ se L_{BA} vale 26 kJ, $Q_{AB} = -86$ kJ.

Se $U_A = 20$ kJ e il delta tra a e B ne vale + 60, ne segue che $U_B = 80$ kJ.

Se $U_2 = 44$ kJ, significa che $U_{2B} = 36$ kJ ed è $= Q_{2B}$ dato che lungo 2B il gas non compie lavoro essendo la trasformazione isocora.

3.4 $P = 7,2$ W; $E = 2160$ J

3.5   Per calcolare la massa usiamo l'equazione di stato dei gas perfetti
$m = \dfrac{p \cdot V}{R^* T} = \dfrac{101325 \cdot 300}{\dfrac{8314}{28,97} \cdot (273,15 + 10)} = 374,08 kg$; la R* massica per l'aria, è ottenuta

dividendo la costante molare universale dei gas per la massa molare dell'aria (28,97 kg/kmole).
Oppure possiamo calcolare la massa usando la massa volumica dell'aria, ma dobbiamo trovare da una tabella o da un grafico il valore corrispondente a 10 °C e pressione ambiente (in questo caso $\rho = 1,246$ kg/m^3).
La variazione di temperatura la otteniamo con la formula
$\Delta T = \dfrac{Q}{c_p \cdot m} = \dfrac{15000}{1,005 \cdot 374,08} = 39,9°C$ La massa finale, per mantenere la

pressione costante sarà perciò:

$$m = \frac{p \cdot V}{R^* T} = \frac{101325 \cdot 300}{\dfrac{8314}{28,97} \cdot (273,15 + 49,9)} = 327,87 kg$$

anche in questo caso calcolabile con la massa volumica alla nuova temperatura (ρ = 1,0935 kg/m^3). La massa che fuoriesce sarà 46,2 kg, risultante
dalla differenza delle due masse prima e dopo il riscaldamento.

3.6   Dato il tipo di trasformazione la temperatura finale sarà ancora 20 °C.
         La pressione possiamo calcolarla attraverso l'equazione di stato dei gas
         perfetti, dove la quantità di gas (quindi il numero di moli) rimane costante
         insieme alla temperatura: $p_2 = \dfrac{p_1 v_1}{v_2} = 202,64\ \text{bar}$. Si ricorda che è necessa-

         rio operare le dovute trasformazioni di unità di misura.
         Il   lavoro   per   comprimere   l'aria,   lo   calcoliamo   con
         $L = p_1 v_1 \ln \dfrac{v_2}{v_1} = -107,365\ \text{kJ}$ ricordando che parte di questo lavoro è svolto

         dall'atmosfera, per un valore $L = p_0 (v_1 - v_2) = -20,163\ \text{kJ}$, il lavoro netto vale
         perciò - 87,202 kJ.

3.7   L'adiabatica, come tutte le politropiche mantiene costante il prodotto tra
         pressione e volume, elevando quest'ultimo a opportuno esponente. Per

         tutte le trasformazioni politropiche vale $pV^n = \text{costante}$, dove $n = \dfrac{c_x - c_p}{c_x - c_v}$
         e l'adiabatica, non essendoci scambio di calore, ha calore specifico cx = 0,
         perciò $n = c_p / c_v$
         Per questo esercizio:
         m = cost = 0,129 kg;   n = 1,4
         p_2 = 25,44 bar; T_2 = 685 K
         L_{net} = - 29,166 kJ

3.8   Q = m c_p ΔT, perciò m = Q/(c_p ΔT) = 700 kg

3.9 $E_{ced} = P \cdot tempo = 1000 \cdot 3600 \dfrac{J}{s} \cdot s = 3600 kJ$

         Il bilancio di primo principio ci dice che:
         ΔU = Q + L = - 3600 + 7200 = + 3600 kJ
         Poiché per un gas perfetto, l'energia interna è funzione (monotona cre-
         scente) della temperatura, ne segue che anche t deve crescere.

3.10   Trascurando gli scambi sotto forma di calore, tutta l'en. introdotta nei dischi come lavoro meccanico (vedi esperienza di Joule), contribuisce ad aumentare l'en. interna del sistema. La temperatura è legata a qs aumento. Dal primo principio: $E_k = L = \Delta U$.
        Poiché $\Delta U = mcv\Delta T$ e trattandosi di un solido il valore di c_v e c_p coincidono, si ricava il valore del salto di temperatura: $\Delta T = 36,86$ K

3.11   Per risolvere il problema, prima trasformare le u. di m. in SI. Poi calcolare il volume della sfera e di conseguenza la sua massa. Possiamo considerare $\sum Q = 0$ poiché il sistema è adiabatico e che $Q = m\, c_p\, \Delta t$ nei processi isobari.
        $t_f = 58\ °C$

3.12 $c_p = 0,267$ kJ/kg K

3.13   Portata in massa $\dot{m} = 61,2$ kg/s e potenza P = 7493,94 kW

3.14 $\dot{m} = 20,4$ kg/s; P = - 3062,04 kW

3.15   t = 51,5 °C

3.16   P = 29 kW

3.17   L'entropia (come l'energia interna e l'entalpia) è una funzione di stato, quindi la sua variazione in una trasformazione dipende solo dagli stati iniziale e finale.
        Il fatto che queste grandezze di stato non dipendano dal percorso della trasformazione, vale a prescindere dalla reversibilità o meno della trasformazione. La variazione di entropia di un gas perfetto può essere sia positiva sia negativa.

3.18   Se la trasformazione per entrambi i sistemi è isoterma, significa che ΔT è = 0 e di conseguenza ΔU sarà anch'essa = 0. Poiché $\Delta U = Q + L$ vorrà dire che $|Q| = |L| = 20 kJ$

$$\Delta S = \left|\frac{Q}{T_1}\right| + \left|\frac{Q}{T_2}\right| = \frac{20.000}{(-13+273)} + \frac{-20.000}{(27+273)} = 10,25\,\frac{J}{K}$$

3.19   Per poter confrontare il livello di irreversibilità, è necessario calcolare la variazione di entropia della macchina (indicata con il pedice M) e dell'ambiente (indicata con il pedice A) nei due casi inverno ed estate. Per la macchina:

$$\Delta S_{MI} = \frac{Q}{T} = \frac{-2.400}{400} = -6 \, kJ\big/K$$

$$\Delta S_{AI} = \frac{Q}{T} = \frac{+2.400}{(-3+273)} = +8,89 \, kJ\big/K$$

Complessivamente:

$$\Delta S_I = \Delta S_{MI} + \Delta S_{AI} = -6 \, kJ\big/K + 8,89 \, kJ\big/K = +2,89 \, kJ\big/K$$

Per l'ambiente

$$\Delta S_{ME} = \frac{Q}{T} = \frac{-2.200}{400} = -5,5 \, kJ\big/K$$

$$\Delta S_{AE} = \frac{Q}{T} = \frac{+2.200}{(+27+273)} = 7,33 \, kJ\big/K$$

Complessivamente:

$$\Delta S_E = \Delta S_{ME} + \Delta S_{AE} = -5,5 \, kJ\big/K + 7,33 \, kJ\big/K = +1,33 \, kJ\big/K$$

Poiché il valore della variazione di entropia è un indicatore del livello di reversibilità delle trasformazioni, possiamo considerare lo scambio tra macchina e ambiente più reversibile in estate.

3.20   Nel piano T-S le due isoterme sono due linee orizzontali e le due adiabatiche sono due sementi verticali, dato che dS = dQ/T e nell'adiabatica gli scambi di calore sono nulli:

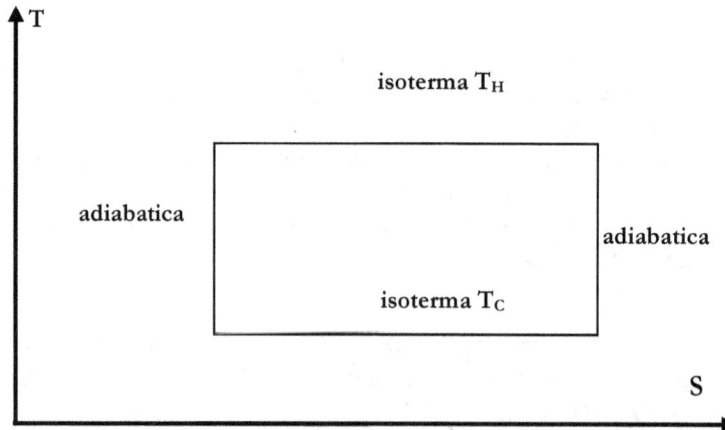

L'area compresa tra l'isoterma superiore e l'asse delle ascisse vale $T_H \, \Delta S$ = Q_H mentre quella compresa tra l'asse e l'isoterma a T_c rappresenta Q_c perciò l'area del rettangolo, differenza tra le due precedenti, rappresenta il lavoro del ciclo essendo L = Q_H - Q_C .

3.21   Esistono diverse tipologie di scambiatori a flusso incrociato, dove per incrociato si intende che lo siano le direzioni di flusso. Ne esistono di puri o mixed, a seconda che entrambe le masse vengano obbligate a mantenere la direzione di flusso oppure una sola delle due. Sono usati molto per i gas, che hanno coefficienti di scambio inferiori ai liquidi. Si trovano, ad esempio, nei recuperatori di calore degli impianti a ventilazione controllata per edifici, dove non è opportuno miscelare i flussi e lo scambio avviene attraverso le pareti di separazione che conducono i flussi, quindi dipende anche dalle caratteristiche di conduzione dei materiali, dalle dimensioni e forme geometriche delle superfici, perché da quest'ultime dipende il moto imposto ai flussi. La figura ne mostra un esempio.

Considerando il sistema adiabatico, tranne che tra i flussi di aria, la potenza scambiata in regime isobaro genererebbe un ΔT, in ciascun flusso, inversamente proporzionale alla loro portata in massa; il calore sensibile scambiato dai flussi è uguale. Nella realtà parte dello scambio, calore latente, contribuisce al cambiamento di fase dell'umidità contenuta in ciascun flusso. Per avere una valutazione si dovrebbero misurare i valori di temperatura e umidità relativa, in entrata ed uscita, per ciascun flusso o affidarsi alle prove sperimentali fornite nelle schede dei prodotti, a seconda dei campi di funzionamento. In pratica il calore trasferito sarà limitato dal flusso con la minore capacità termica specifica.

Per facilitare i calcoli possiamo fare una stima usando il ΔT tra i due flussi e la portata minore dei due. Poiché per entrambi i flussi si tratta di aria, il c_p sarà lo stesso. Il flusso di potenza sarà quindi il valore ceduto dal primo, dato che ha una portata in massa inferiore, di 0,8 kg/s:

$$|Q| = \dot{m} c_p (T_2 - T_1) = 0,8 \cdot 1,005 \cdot 8 \, \frac{\text{kg}}{\text{s}} \frac{\text{kJ}}{\text{kg}\,°\text{C}} °\text{C} = 6,432 \, \text{kW}$$

3.22   Trovando in un ciclo diretto, cioè un motore, il calore assorbito servirà per produrre lavoro. In ogni caso, essendo un ciclo, al termine di esso, il sistema si ritroverà nello stesso stato iniziale, le variabili di stato avranno di nuovo lo stesso valore e così le funzioni di stato. Perciò ΔU = 0 e Q = L.
Q_{ASS} = 7261.87 kJ e L_{tot} = Q_{tot} = 2908.43 kJ

Il rendimento è il rapporto tra energia utile e quella richiesta:

$\eta = L / Q_{ASS} = 2908.43 / 7261.87 = 0.4 = 40\%$

3.23   Utilizziamo l'equazione di bilancio energetico di un sistema aperto:

$$\frac{dE}{dt} = \dot{m}\left[(h_i - h_u) + g(z_i - z_u) + \frac{(w_i^2 - w_u^2)}{2}\right] - \dot{L} + \dot{Q}$$

Il condotto è orizzontale quindi $z_i = z_u$, non ci sono scambi di lavoro $L = 0$ ed essendo stazionario, anche la variazione di energia totale è nulla.

Il salto entalpico del liquido è $\Delta h = c_p \Delta T$

$$\dot{Q} = \dot{m}\left[(70 - t_u) + \frac{(2^2 - 12^2)}{2}\right]$$

$$t_u = 70 - \frac{1200/0.5 + 140}{4186} = 69,39 \, ^\circ C$$

3.24   La potenza che attraversa il muro vale 750 W e considerando che la variazione di entropia complessiva sia nulla, possiamo calcolare quella del muro come differenza tra quelle scambiate sulle superfici, dato che queste si trovano a temperature differenti.

$$S_{gen\,muro} = \frac{\dot{Q}}{T_{sup\,hot}} - \frac{\dot{Q}}{T_{sup\,cold}} = 0{,}0671 \, ^W/_K$$

3.25   Il gas si poteva comunque assumere come perfetto, trovandosi lontano dalle condizioni critiche. Oltre a portare tutte le grandezze nel SI, dobbiamo cercare il calore specifico dell'azoto e assumerlo costante. L'entropia del gas vale:

$$\Delta S_N = m\left(c_p \ln\frac{T_2}{T_1} - R \ln\frac{p_2}{p_1}\right) = 0{,}5 \, ^{kJ}/_K$$

Soluzioni capitolo: Gas ideale, fluidi e trasformazioni

4.1   Dipende dalla temperatura

4.2   In una trasformazione isoterma la temperatura si mantiene costante T = cost, perciò $\Delta T = 0$. Dato che l'energia interna U e l'entalpia H sono funzioni di T ne segue che anche $\Delta H = 0$ e $\Delta U = 0$, dal primo principio avremo perciò Q = L.

Una importante indicazione dalla relazione tra T e U è che quando si intenda mantenere la temperatura di un ambiente ad un valore desiderato costante, anche l'energia interna non dovrà variare, ciò significa cha la somma delle energie uscenti ed entranti nel sistema deve essere nulla.

4.3   La massa totale sarà uguale alla somma delle due masse. Per trovare le due masse è necessario utilizzare la massa volumica dell'acqua $\rho = 1000$ kg/m^3

$m_1 = V_1 * \rho = 0,02 * 1000 = 20$ kg

1 m^3 = 1000 l perciò $V_2 = 0,8$ m^3

$m_2 = 0,8 * 1000 = 800$ kg

$m_{tot} = m_1 + m_2 = 820$ kg

La temperatura di miscela, considerando il processo isobaro si trova attraverso la formula della temperatura di miscela tra due fluidi a pressione costante, $T_{mix} = \dfrac{m_1 c_{p1} T_1 + m_2 c_{p2} T_2}{m_1 c_{p1} + m_2 c_{p2}}$ e dato che le due masse sono formate

dalla   medesima   sostanza   semplificando   il   calore   specifico

$T_{mix} = \dfrac{m_1 T_1 + m_2 T_2}{m_1 + m_2} = 48,83°C$

In questo esempio si nota che la temperatura finale sarà molto vicina a quella della massa molto più grande.

4.4   Il volume è una grandezza estensiva. Il volume totale sarà uguale alla somma dei volumi delle due masse, quindi V = 2 m^3.

La temperatura è una grandezza intensiva. Trattandosi di due masse uguali alla stessa temperatura, la temperatura di miscela sarà uguale a quella di partenza.

T = 25 °C = 298,15 K

Considerando l'aria un gas perfetto, la massa si calcola attraverso la equazione di stato dei gas perfetti, nella versione massica (R_{aria} = 287 kJ/kgK)

$$m = \frac{pV}{R_{aria}T} = \frac{101325 \cdot 1}{287 \cdot 298,15} = 1,185 \text{ kg}$$

La massa della miscela è = alla somma delle masse = 2,37 kg.

Come per la temperatura anche la pressione rimarrà uguale alla pressione iniziale delle due masse. Oppure può essere calcolata ancora con l'equazione di stato dei gas perfetti, con il volume raddoppiato, come risulterà anche la massa. Oppure, ancora, attraverso la somma delle pressioni parziali, cioè calcolando la singola pressione come se il gas, con la propria temperatura occupasse il volume complessivo della miscela (legge di Gibbs-Dalton).

4.5   V = 6 m^3
        m = 2,17 kg
        t = 48,07 °C
        p = 0,33 bar

4.6   Assumendo l'ipotesi semplificativa che il calore specifico e la massa volumica rimangano costanti con la temperatura, i litri necessari saranno 6154.

4.7 m_{fin} = 45 kg
        T_{fin} = 72 °C

4.8   Utilizzando la formula della T di miscela $T_{mix} = \dfrac{m_1 c_{p1} T_1 + m_2 c_{p2} T_2}{m_1 c_{p1} + m_2 c_{p2}}$ = 35 °C.

        Questo esercizio ha dei valori scelti appositamente per mostrare che la temperatura risulta il valore medio delle due temperature, perché i volumi sono =, ma la sostanza che ha una massa maggiore, ha un calore specifico inferiore e nella media pesata apportano lo stesso contributo dell'altra sostanza.

4.9 m_{fin} = 82,5 kg
        T_{fin} = 35,82 °C

4.10   I dati che servono al calcolo sono:
- calore specifico del latte $c_{p\,latte}$ = 3,8 kJ/kg°C
- calore specifico del miele $c_{p\,miele}$ = 3,65 kJ/kg°C

Si noti che il calore specifico dei cibi dipende dal rapporto tra l'acqua e la materia grassa (o il resto della materia) in esso contenute. Per il latte intero la porzione di acqua è l'88 %, mentre per il miele l'84 %, da questa differenza del 5 % deriva principalmente la differenza nei loro calori specifici. Stesso discorso vale per il punto di congelamento degli alimenti: per il latte intero − 0,6 °C e per il miele − 1,1 °C.

Altro dato necessario sono le quantità, utilizzando la stessa massa volumica del 5 % inferiore a quella dell'acqua, per entrambi gli alimenti:
- una tazza da colazione, circa 300 cm^3, pari a 300 gr
- due cucchiai di miele, circa 30 gr

La temperatura della cucina possiamo assumerla = 20 °C

La temperatura di miscela sarà quindi molto vicina a quella del latte: T_{mix} = 83,86 °C. In realtà la temperatura finale sarà inferiore, sia per l'eventuale introduzione del cucchiaio, sia per la cessione di calore della miscela per evaporazione e per convezione, fenomeno aumentato dall'eventuale azione di mescolamento del composto.

4.11   Estraendo dall'equazione della miscelazione isobara il valore mancante della temperatura del latte, si ottiene 0 °C. I dati assunti dall'esercizio precedente, rimangono validi perché entrambi i composti si trovano sopra il punto di congelamento. Altrimenti i loro calori specifici sarebbero diversi, sensibilmente per il latte, il cui c_p passa da 3,8 kJ/kg°C a 1,95 kJ/kg°C.

4.12   Innanzitutto è bene trasformare le temperature in unità del S.I.: T_{azo} = 300 K e T_{oss} = 270 K, p = 101.325 Pa = 1,01325 bar.

Per calcolare la massa è sufficiente applicare l'equazione di stato in forma massica $pV=mR^*T$, da cui risulta m_{azo} = 1,138 kg e m_{oss} = 1,444 kg e m_{mix} = $m_{azo} + m_{oss}$ = 2,582 kg.

Utilizzando la formula della T di miscela con i c_p dei due gas uguali T_{mix} = 10 °C, se invece si utilizzano i calori specifici per i due gas la formula e la temperatura risultante sono $T_{mix} = \dfrac{m_1 c_{p1} T_1 + m_2 c_{p2} T_2}{m_1 c_{p1} + m_2 c_{p2}}$ = 11 °C equivalenti a

284,14 K.

Applicando nuovamente l'equazione di stato, considerando la somma uguale a 2 m^3 per il volume e R* = 695,45 J/kgK, cioè la media pesata con le masse delle due R* dei gas, la pressione risulta p_{mix} = 101300 Pa, quindi a meno di millesimi è rimasta 1 atm.

Il volume specifico della miscela si trova dividendo il volume della miscela e la sua massa v_{mix} = 0,775 m^3/kg.

4.13   Innanzitutto è bene trasformare le temperature in unità del SI: T_1 = 127 °C = 400 K e T_2 = 327 °C = 600 K. Utilizzando l'eq. di stato del gas perfetto pV = nRT, sapendo n, R e p (la trasformazione è isobara) delle costanti, possiamo scrivere che T/V è costante. Perciò V_2 = $(T_2/ T_1)V_1$ = 0,150 m^3 = 150 litri.

Per calcolare la massa è sufficiente applicare l'equazione di stato in forma massica pV=mR*T, da cui p risulta = 5740 kPa.

4.14   Data una massa gas a comportamento perfetto vale la relazione pv = RT dove R è la costante specifica dei gas e non quella universale e dipende dal tipo di gas. La trasformazione politropica permette di generalizzare il comportamento delle trasformazioni quasistatiche (isobara, adiabatica, ecc) e utilizzare ancora l'equazione di stato; quindi in questo caso avremo:

$$\sqrt[n]{\frac{p_1}{p_2}} = \frac{v_2}{v_1}$$

$$v_2 = v_1 \left(\frac{p_1}{p_2}\right)^{1/n}$$

$v_2 = 0,387 \ bar$

Anche per il calcolo del lavoro utilizziamo l'espressione per la politropica di un sistema chiuso, perché in questo esempio, la massa del gas non cambia:

$$L_{12} = m\frac{(p_1 - v_1)}{n-1}\left[1 - \left(\frac{p_2}{p_1}\right)^{\frac{n-1}{n}}\right] = 171,5 \ kJ$$

4.15   Prima calcoliamo i valori indipendenti dalla tipologia di trasformazione. Il volume specifico nelle condizioni iniziali, considerando l'aria gas perfetto con R = 287 J/kg K,

$$v_1 = \frac{RT_1}{p_1} = \frac{287 \cdot 293.15}{117720} = 0.7147 \cdot 10^{-2} \ \frac{m^3}{kg}$$

la massa vale $m = \frac{V_1}{v_1} = 6.99 \ kg$

e il volume specifico nelle condizioni finali

$$v_2 = \frac{V_2}{m} = 4.2918 \, \frac{m^3}{kg}$$

Mentre per le singole trasformazioni avremo:

ISOBARA

$$p = \frac{v_1}{RT_1} = \frac{v_2}{RT_2} \Rightarrow T_2 = \frac{v_2 T_1}{v_1} = 1760 \, K$$

$$\Delta T_{1-2} = 1467 \, K$$

le variazioni di entalpia ed energia interna

$$\Delta H_{1-2} = m c_p \Delta T_{1-2} = 6.99 \cdot 1.005 \cdot 1467 = 10305 \, kJ$$

$$\Delta U_{1-2} = m c_v \Delta T_{1-2} = 7352 \, kJ$$

Il calore scambiato, essendo la trasformazione a pressione costante, è uguale alla variazione di entalpia

Il lavoro lo possiamo ricavare dal primo principio:

$$L_{1-2} = Q_{1-2} - \Delta U_{1-2} = 2962 \, kJ$$

ISOTERMA

$$p_2 = p_1 \frac{v_1}{v_2} \Rightarrow T_2 = \frac{v_2 T_1}{v_1} = 19,62 \, bar$$

$$\Delta T_{1-2} = 0 \, K$$

le variazioni di entalpia ed energia interna, essendo queste funzioni di stato monotone di T, sono nulle

Il lavoro scambiato si ottiene da:

$$L_{1-2} = \int_1^2 p \, dv = m \int_1^2 \frac{RT}{v} \, dv = mRT \ln \frac{v_2}{v_1} = 1053 \, kJ$$

Il calore lo possiamo ricavare dal primo principio:

$$Q_{1-2} = L_{1-2}$$

Risulta evidente che le energie in gioco in questa seconda trasformazione risultano molto più contenute.

4.16   Calcoliamo direttamente la potenza usando la portata in massa:

$$\dot{m} = \frac{300}{3} \frac{kg}{s} = 100 \, \frac{kg}{s} \qquad P = \dot{m} c_p \Delta T = 100 \cdot 4,18 \cdot 50 \frac{kg}{s} \frac{kJ}{kgK} K = 20.900 \, kW$$

4.17   Per prima cosa determiniamo il fabbisogno P_u delle utenze:

$$P_u = 1\,500 * 8 \, kW = 12000 \, kW = 12 \, MW$$

Essendo il rendimento della distribuzione del 96%, la potenza alla centrale P_c dovrà essere:

$$P_c = \frac{12000\ kW}{0.96} = 12500\ kW = 12.5\ MW$$

Sapendo che:

$$\dot{Q} = \dot{m}\ c_p\ \Delta T$$

e notando che:

$$\Delta T = 65°C - 30°C = 35\ °C = 35\ K$$

Ricaviamo la portata massica dell'acqua:

$$\dot{m}_a = \frac{\dot{Q}}{c_p\ \Delta T} = \frac{12500\ kW}{4.18\ \frac{KJ}{kg\ K} * 35K} = 85.45\ \frac{kg}{s}$$

Dalla massa volumica dell'acqua

$$\rho = 1000\frac{kg}{m^3} = 1\ \frac{kg}{l}$$

Ne consegue che la portata volumica dell'acqua è:

$$\frac{85.45\ \frac{kg}{s}}{1\ 000\frac{kg}{m^3}} = 0.0854\ \frac{m^3}{s} = 85.4\ \frac{l}{s}$$

Per calcolare il consumo massico orario di metano valutiamo per prima cosa il calore necessario in un'ora:

$$Q_n = \dot{Q} * t = 12\ 500\ kW * 3\ 600\ s = 45\ 000\ 000\ kJ = 45\ 000\ MJ$$

Dal rendimento della caldaia deduciamo il calore che dovrà entrare in quest'ultima ogni ora

$$Q_n = \frac{45\ 000\ MJ}{0.78} = 57\ 692\ MJ$$

E quindi, dal potere calorifico del metano, ne calcoliamo la massa

$$m_m = \frac{Q_n}{PC} = \frac{57\ 692\ MJ}{50\ \frac{MJ}{kg}} \cong 1154\ Kg$$

4.18 $P = \dot{m}c_p\Delta T = 50 \cdot 4{,}186 \cdot (-10)\dfrac{kg}{s}\dfrac{kJ}{kgK}K = -2.093\ kW$

4.19   Rappresenta il lavoro, dato che $L = \int p dV$ oppure $L = p\Delta V$ se la trasformazione è isobara.

4.20   Una trasformazione isobara è una trasformazione che avviene a pressione costante, p = cost, Δp = 0. In prima approssimazione possiamo considerare isobare le trasformazioni che avvengono nei solidi e nei liquidi, a patto non vi siano cambiamenti di fase.

Poiché la pressione è costante, possiamo portarla fuori dal segno di inte-grale nel calcolo del lavoro: $L = \int p\,dV = p\int dV = p\Delta V$. Perciò la variazione di energia interna sarà $\Delta U = Q + p\,\Delta V$

4.21   Una trasformazione adiabatica è una trasformazione che avviene senza scambio di calore, quindi nell'equazione di bilancio del primo principio avremo $Q = 0$. In prima approssimazione possiamo considerare adiabati-che le trasformazioni in sistemi isolati, come miscele di fluidi in contenitori coibentati o anche trasformazioni che avvengono in tempi molto rapidi. Essendo nullo lo scambio di energia sotto forma di calore, la variazione di energia interna del sistema sarà dovuta unicamente agli scambi in lavoro $\Delta U = L$

4.22   Prima della soluzione, alcuni cenni storici: i gasometri, come accennato nel testo dell'esercizio, sono impianti semplici ed efficaci per immagazzi-nare gas, presenti a Milano nel quartiere della Bovisa. Sono strutture pro-

gettate nel 1800, nelle quali veniva immagazzinato il gas di città (in genere usato per illuminazione o per processi industriali) proveniente dalla gassifica-zione del carbone. Le aree venivano altamente inquinate dalla presenza del carbone, quindi in genere gli impianti venivano realizzati in zone industriali poco abitate, nelle periferie cittadine. Fanno parte della storia industriale e dello sviluppo urbanistico di Milano, hanno stimolato la fantasia di diversi artisti (il qua-dro raffigurato è di M. Sironi) e anche alcune leg-gende.

"Se ne stava ferma di fianco alla siepe. Gli occhi fis-si sull'acqua della cava, dove i fuochi e le ombre di quel tramonto si rovesciavano come se sprofondas-sero nell'inferno. Anche la sabbia e la ghiaia parevano accendersi di luce rossastra, prima di lasciarsi vincere dall'ombra. Appena di là dalle fabbri-che, dai camini e dai gasometri della Bovisa, i treni della Nord passavano e ripassavano indifferenti e veloci." (G. Testori, Il Fabbricone, 1961)

La possibilità per il contenitore interno di salire e scendere uscendo da quello interrato a lui esterno che contiene acqua, scorrendo nella gabbia fuoriterra, consentiva di avere un volume variabile, di non avere ingresso di altri gas, dato che il tetto del serbatoio interno è sollevato dal gas insuflato o estratto da condotti di pompaggio e quindi a contatto diretto con l'acqua sottostante. Era possibile avere un'indicazione sul volume contenuto, facilmente visualizzabile dall'altezza di fuoriuscita del serbatoio interno, che scorreva della gabbia di guida esterna. Al massimo della salita arrivavano a volumi oltre i 50 mila m^3 con diametri oltre i 60 m.

Semplificando Il sistema considerando il gas come perfetto e immaginando movimenti lenti del serbatoio interno, è possibile considerare il sistema chiuso e la trasformazione del gas interno al gasometro come isobara, dato che la sua pressione sta in equilibrio con quella esterna ed anche isobara perché il gas non scambia calore, mentre il volume è variabile e passa da un valore nullo al valore finale V_{sf}. Per il primo principio $L = -\Delta U = p\Delta V$ essendo la pressione costante.

$$R^* = \frac{R}{massamol} = 1039 \ ^J\!/_{kg\,K}$$

$$m_{ib} = \frac{p_i V_i}{R^* T_i} = \frac{40 \cdot 10^5 \cdot 1.4}{1039 \cdot 300} = 17,96 kg$$

Sapendo che la trasformazione è politropica pv^k = cost, che alla fine bombola e serbatoio in equilibrio avranno entrambi pressione atmosferica e che il volume della bombola è costante:

$$T_{fb} = T_{ib}\left(\frac{p_{ib}}{p_f}\right)^{\frac{1-k}{k}} = \left(\frac{40}{1}\right)^{-\frac{1}{3}} = 300 \cdot 40^{-\frac{1}{3}} = 87,7\,K = -185,4\,°C$$

$$m_{fb} = \frac{p_f V_b}{R^* T_{fb}} = \frac{40 \cdot 10^5 \cdot 1.4}{1039 \cdot 300} = 1,55 kg$$

la massa di gas uscita dalla bombola sarà:

$$m_g = m_{ib} - m_{fb} = 16,41\,kg$$

4.23   L'aria umida è una miscela di aria secca (prevalenza di azoto 78% e ossigeno 21%) e vapor acqueo. Nel caso dell'aria nei luoghi abitati, possiamo considerarla un gas perfetto, dato che ci si trova lontani dalle condizioni critiche di pressione e temperatura. Le singole parti avranno la pressione relativa p = mRT usando le relative masse e costanti massiche, mentre la T è quella di miscela e la pressione totale, per la legge di Dalton, uguale alla somma delle due.

4.24   L'aria umida è una miscela di aria secca e vapor acqueo. Il titolo rappresenta la quantità di vapore presente rispetto alla massa di aria secca.
$x = \dfrac{m_{vap}}{m_{as}}$ dovrebbe essere adimensionale, dato che è il rapporto tra le stesse grandezze, ma a volte per evitare numeri troppo piccoli, viene indicata la massa del vapore in grammi e quella dell'aria in kg.

L'entalpia dell'aria umida in condizioni ambientali tipo, è data dalla somma dell'entalpia della parte di aria secca $h_{as} = c_{pas} * t$ e da quella del vapor acqueo h_{vap} = cal latente + $c_{vap} * t$ = 2501 + 1,82 $*$ t (dove t, in entrambi i casi, sia espressa in °C e h in kJ/kg). Il valore complessivo dell'entalpia per l'aria umida dipende dalle rispettive masse dell'aria e del vapore formanti la miscela. Dato il titolo x e la temperature t dell'aria in °C, h sarà = 1,005t + 2501x + 1,82tx. L'entalpia complessiva H si ottiene moltiplicando l'entalpia specifica h per la massa di aria secca.

Questa semplice equazione di primo grado permette di sapere quanta energia dobbiamo fornire o sottrarre all'aria di un ambiente per passare da una condizione di umidità assoluta e temperatura note ad un'altra, vale a dire quanto vale questa componente energetica che un dispositivo dovrà prelevare o fornire al nostro ambiente per ottenere la desiderata condizione.

4.25   Il titolo è $x = \dfrac{500}{20} = 25 \; {}^{gr}\!/\!_{kg_{as}}$. Per l'umidità relativa occorre trovare (in tabella o grafico) il valore della massa di vapor saturo alla temperatura e pressione assegnate m_{vs} = 0,02 kg$_{vap}$/kg$_{as}$ e $UR = \dfrac{0,5}{0,02 \cdot 20} = 125\,\%$, quindi al di fuori degli stati possibili dell'aria umida. In effetti, dato il valore del vapor saturo e della massa complessiva di aria secca, la massima quantità di vapore che può esserci a quella temperatura è il denominatore della formula dell'UR, in questo caso 400 gr.

4.26   Sono diverse le strade per dare risposta alle domande, sia per via grafica, sia usando equazioni. Alla pressione atmosferica, la pressione di vapore vale p_v = UR $*$ p_{vs} = 0,7 $*$ 3,169 = 2,2183 kPa. Il titolo
$$x = \frac{0,622 \cdot 2,2183}{131,325 - 2,2183} = 0,0139 \; \frac{kg_{vap}}{kg_{as}} = 13,9 \; \frac{gr_{vap}}{kg_{as}}$$
La massa del vapore $m_v = \dfrac{p_v \cdot V}{R_v T} = \dfrac{2,2183 \cdot 70}{0,416 \cdot 298} = 1,252 \, kg$ e la massa di aria
$$m_{as} = \frac{p_{as} \cdot V}{R_a T} = \frac{99,1 \cdot 70}{0,287 \cdot 298} = 81,06 \, kg$$

L'entalpia specifica vale $h = 1,005 \cdot t + 2501 \cdot x + 1,82 \cdot t \cdot x = 60,52 \dfrac{kJ}{kg}$

4.27   Perché si formi condensa è necessario che la temperatura dell'aria scenda sotto la temperatura di rugiada. Alla temperatura di 20 °C a pressione atmosferica, la temperatura di rugiada è circa 15 °C. Nonostante nell'esercizio venga indicata un'unica temperatura per la stanza, si ricordi che la temperatura è una grandezza puntuale, cioè ogni punto del sistema ha un valore proprio. Avvicinandosi ai corpi caldi (stufe, radiatori, elettrodomestici, luci, pareti o vetri a contatto con l'esterno d'estate, ecc) la temperatura sarà più alta, mentre diminuirà in prossimità di quelli più freddi (pareti o vetri a contatto con l'esterno d'inverno, parte a contatto con locali non riscaldati, ecc). Il vapore condenserà sulle pareti interne delle pareti a contatto con l'esterno e, prima ancora, sui vetri che avendo normalmente trasmittanza maggiore delle pareti, avranno temperature superficiali più vicine a quelle dell'aria esterna.

4.28   Prima si deve portare il valore del titolo in S.I.
        x = 0,025 kg$_{vap}$/kg$_{as}$
        Le pressioni parziali possiamo calcolarle attraverso le formule:

$$p_{vap} = \frac{x}{0,622 + x} p = 3912 \ Pa$$

$$p_{as} = \frac{0,622}{0,622 + x} p = 97408 \ Pa$$

In entrambe le formule si può notare che le pressioni parziali in una trasformazione isobara, sono funzioni del titolo x; fin tanto che la quantità di umidità in una miscela non varia, cioè non è luogo di evaporazioni o condensazioni, le pressioni parziali restano costanti. Anche la massa volumica (densità) dipende dalla quantità di vapore contenuto, quindi dal titolo, oltre che dalla pressione e dalla temperatura della miscela.

$$\rho = \frac{m}{V} = \frac{m_{as} + m_{vap}}{V} = \frac{m_{as}}{V} \cdot (1 + x) = \frac{0,622 \cdot p}{R_{as} T} \left(\frac{1 + x}{0,622 + x} \right)$$

Con titolo 0,025 ρ risulta = 1,187 kg/m^3 e con titolo 0,25 ρ risulta = 1,07 kg/m^3. Possiamo notare che all'aumentare dell'umidità assoluta, la densità della miscela aria umida è diminuita.

4.29   0.0139 kg$_{H2O}$/kg$_{as}$ e t$_r$ = 19°C

4.30   m = 0.09 kg

4.31   UR = 26%

4.32   m = 0,0569 kg

4.33   Questo tipo di scambiatori venivano utilizzati per asportare calore dall'aria
e, a volte, per umidificarla. Il
principio, utilizzato in diverse
applicazioni, può essere schematizzato come in figura.
L'acqua corrente scorre su una
superficie che la separa dal flus-
so di aria da raffreddare. La pia-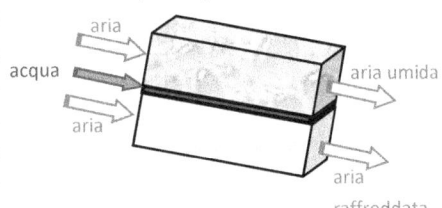
stra si raffredda perché cede calore all'acqua che evapora e raffredda
l'aria che viene fatta scorrere lungo la piastra. La relazione che intercorre
tra il numero di Nusselt Nu e il coefficiente di convezione h, richiede di
conoscere il valore della conducibilità termica λ dell'acqua; questo valore
cambia con la temperatura, dato che si tratta di acqua corrente possiamo
prendere dalle tabelle un valore riferito a 15 °C: λ = 0,6 W/mK.

$$Nu = \frac{hL}{\lambda} \Rightarrow h = \frac{\lambda}{L} Nu = \frac{0,6}{4} 1400 = 210 \frac{W}{m^2 \, °C}$$

4.34   Per rispondere ai dati richiesti dall'esercizio si devono calcolare:

•   velocità dell'acqua $w = \dfrac{4\dot{v}}{\pi d^2} = \dfrac{4 \cdot 5 \cdot 10^{-3}}{3,14 \cdot (0,1)^2} = 0,637 \dfrac{m}{s}$

•   il numero di Reynolds $\text{Re} = \dfrac{w \cdot d}{\upsilon} = 1,59 \cdot 10^5$

•   dall'abaco di Moody o attraverso l'equazione di Weissbach, valida
per questo valore di Re, si calcola il fattore di attrito
$\xi = 0,184 \cdot \text{Re}^{-0,2} = 0,0168$

•   il bilancio energetico ci consente di estrarre come incognita l'altezza
massima raggiungibile:

$$h = \frac{\dfrac{(p_{atm} - p_v)}{1000} - (\varsigma + 1) \cdot \dfrac{w^2}{2}}{g + \dfrac{\xi}{d} \dfrac{w^2}{2}} = 9,96 \text{ m}$$

Dove p_v è la pressione di saturazione dell'acqua alla temp. di 20 °C, dalle
tabelle: p_v = 2340 Pa , ς è resistenza di imbocco = 0,5 e l' accelerazione di

gravità $g = 9,81 \, m/s^2$.

- la potenza meccanica vale

$$P = \dot{v} \cdot (p_{atm} - p_v) = 5 \cdot 10^{-3} \cdot (101325 - 2340) = 0,495 \, kW$$

- i consumi elettrici del motore risentiranno del rendimento dei componenti e delle connessioni $P_e = \dfrac{P}{0,55} = 0,9 \, kW$

4.35   In condizioni di regime stazionario, la portata in massa complessiva è la somma delle due, in pratica tanta aria entra a sinistra, tanta ne esce a destra: $\dot{V} = cost$ e $\dot{m} = 800 \, kg/h$, per passare alle portate in massa abbiamo assunto la massa volumica dell'aria costante e pari a $1,2 \, kg/m^3$

La massa del vapore (titolo) è anch'essa ottenuta con la somma delle due e i singoli valori possono essere acquisiti da un diagramma psicrometrico, oppure tramite la formula:

$$x_A = 0{,}622 \frac{p_v(35°C)}{p_{tot} - p_s(35°C)} = 0.033 \, kg/kg_{as}$$

$\dot{m}_{vap(A)} = x_A \cdot \dot{m}_{as(A)} = 9.9 \, kg/h$ o per essere più precisi si potrebbe usare la massa volumica a quella temperatura e UR $\rho_{35 °C} = 1,123 \, kg/m^3$

$\dot{m}_{vap(A)} = x_A \cdot \rho_{35°C} \cdot \dot{V}_{as(A)} = 9.27 \, kg/h$

$x_B = 0.0075 \, kg/kg_{as}$

$\dot{m}_{vap(B)} = x_B \cdot \dot{m}_{as(B)} = 3.75 \, kg/h$ o più precisamente con 24 °C e 40% UR

$\rho_{24 °C} = 1,177 \, kg/m^3$

$\dot{m}_{vap(B)} = x_B \cdot \rho_{24°C} \cdot \dot{V}_{as(B)} = 3.68 \, kg/h$

il titolo della massa in uscita lo calcoliamo attraverso una media pesata:

$$x_{tot} = \frac{x_A \cdot \dot{m}_{as(A)} + x_B \cdot \dot{m}_{as(B)}}{\dot{m}_{as(tot)}} = 0.017 \, kg/kg_{as}$$

Si lascia agli studenti il calcolo della T di miscela

4.36   Considerando l'ossigeno come gas perfetto biatomico, avremo
$c_p = 7/2 \, R = 0,909 \, kJ/kgK$
Con l'equazione di stato dei gas perfetti

$$v_1 = \frac{RT_1}{p_1} = \frac{259,81 \cdot 323}{5 \cdot 10^5} = 0,1678 \frac{m^3}{kg}$$

Il primo principio della termodinamica, per i sistemi aperti e visto sulle potenze, oltre alla potenza termica e a quella meccanica, comprenderebbe nell'equazione di bilancio l'energia spesa nel tempo per eventuali innalzamenti di quota (z) e per le variazioni di velocità (w):

$$\dot{H}_1 + \dot{m}(gz_1 + \frac{w_1^2}{2}) + \dot{Q} - \dot{L} = \dot{H}_2 + \dot{m}(gz_2 + \frac{w_2^2}{2})$$

entrambi però non previsti in questo esempio ed anche la potenza meccanica è nulla. Per cui:

$$\dot{Q}_{1-2} = \Delta \dot{H}_{1-2} = \dot{m}c_p \Delta T_{1-2} = 0,277 \cdot 0.909 \cdot 40 = 10100 \; W$$

4.37   Nei gas monoatomici come l'argon, k vale 1,667. Possiamo quindi calcolare prima la temperatura di uscita dalla compressione ideale, attraverso
l'equazione della politropica adiabatica:

$$T_2 = T_1 \cdot \left(\frac{P_2}{P_1}\right)^{k-1/k} = 519,2 \; K$$

considerandolo gas perfetto:

$$l_{id} = \Delta h = c_p \cdot (T_2 - T_1) = \frac{5}{2} R^* \Delta T =$$

$$= 0,52 \frac{kJ}{kgK} \cdot (519,2 - 298,15) \; K = 114,95 \frac{kJ}{kg}$$

$$l_{reale} = \frac{l_{id}}{\eta_{is}} = 143,68,95 \frac{kJ}{kg}$$

$$\dot{L}_{reale} = \dot{m} \cdot l_{reale} = 1436,9 \; kW$$

e infine calcolare la T di uscita dalla macchina reale

$$T_{2r} = T_1 + \frac{l_{reale}}{c_p} = 574,45 \; K$$

4.38   L'entropia è una grandezza di stato estensiva, definita dalla relazione
dS=(δQ/T). Nelle trasformazioni reali a causa di inevitabili fenomeni dissi-
pativi, l'entropia tende sempre ad aumentare.
Partendo dalla diseguaglianza di Clausius, $\oint \delta Q/T < 0_{irr} \rightarrow \oint dS = \oint \delta QT +$
$\Delta S_{irr} = 0 \rightarrow \delta Q/T + dS_{irr}$ dS $\geq \delta Q/T$

Una trasformazione isoentropica è invece una trasformazione durante la
quale l'entropia del sistema rimane costante (ad esempio, una trasformazione adiabatica reversibile). Essa fornisce un punto di partenza utile per
descrivere trasformazioni reali, quando avvengano in dispositivi considerabili adiabatici (quindi reversibili) o quando si conosce il rendimento isentropico della trasformazione irreversibile, in genere dato dal rapporto tra
l'energia (o la potenza) disponibile dal dispositivo, rispetto a quella ideal-
mente realizzabile.
Attraverso alcuni passaggi si può legare l'entropia alle altre variabili di stato, indipendentemente dalla trasformazione:

- combinando la definizione di S con il primo principio TdS = dU + pdV;
- aggiungendo la definizione di entalpia Tds = dh – vdp

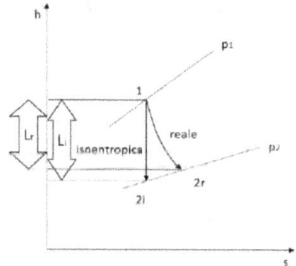

Inoltre, nel caso di gas perfetti, se si considera la variazione infinitesima di entropia: ds = c_v dT/T + Rdv/v e ponendo ds = 0, si ottengono le formule della trasformazione isoentropica per i gas perfetti (nell'ipotesi di calore specifico costante con la temperatura e indicando con k rapporto tra i calori specifici):

- $(T_2/T_1)_s = (v_1/v_2)^{k-1}$
- $(T_2/T_1)_s = (p_2/p_1)^{(k-1)/k}$
- $(p_2/p_1)_s = (v_1/v_2)^{k}$

Nel diagramma T-s è illustrato come esempio, la differenza tra la trasformazione isoentropica e quella reale, in una turbina: la turbina reale produce meno lavoro di quella ideale, a parità di salto di pressione. Questa differenza è dovuta, in particolare, alla presenza di attriti e alla non completa adiabaticità del dispositivo; tanto più il processo si avvicina a quello ideale, tanto maggiori saranno le prestazioni offerte.

Soluzioni capitolo: Componenti e macchine termodinamiche

5.1

Calore sorg. 1	Calore sorg. 2	Lavoro scambiato	Congruenza con I e II principio
$Q_1 > 0$	$Q_2 > 0$	$L = 0$	Completato un ciclo si torna allo stato iniziale e U che è funzione di stato, torna al valore iniziale, quindi per un ciclo completo $\Delta U = 0$. Questa combinazione non è compatibile con il primo principio perché $\Delta U = Q + L$ risulterebbe > 0
$Q_1 > 0$	$Q_2 < 0$	$L = 0$	Riprendendo il precedente ragionamento, in questo caso è possibile a patto che oltre che di segno opposto, i due calori siano = in valore assoluto. Se $Q_1 = -Q_1$ allora $\Delta U = Q_1 + (-Q_1) + L = 0$ il I principio della TD è rispettato
$Q_1 > 0$	$Q_2 = 0$	$L = 0$	Questi cicli non rispetta il I principio (vedere il caso della prima riga
$Q_1 > 0$	$Q_2 > 0$	$L > 0$	Questo caso non rispetta il II perché avremmo un ciclo che produce L trasformando tutto il calore entrante in Lavoro prodotto

5.2   Innanzitutto è bene capire di quale tipo di ciclo e quindi di macchina si tratti; dalla prima domanda dell'esercizio si comprende che si tratta di un motore; lo si poteva anche dedurre dal fatto che il dispositivo cede calore alla sorgente fredda e quindi si tratta di un ciclo diretto dato che nei cicli frigoriferi il calore viene prelevato dalla sorgente fredda.

Trattandosi di un ciclo reversibile è possibile calcolare il rendimento attraverso le temperature termodinamiche.

$$\eta = 1 - \frac{T_C}{T_H} = 1 - \frac{373}{573} = 0.349 = 34{,}9\,\%$$

Per calcolare il lavoro rispondiamo prima all'ultima domanda, ricavando il calore prelevato dalla sorgente calda. Poiché il rendimento del motore è anche calcolabile con le energie:

$$\eta = \frac{L}{Q_H} = \frac{Q_H - Q_C}{Q_H}$$

$$Q_H = \frac{Q_C}{1 - \eta} = \frac{500\,kJ}{0.65} = 769\,kJ$$

Il lavoro lo calcoliamo con il bilancio energetico $L = Q_H - Q_C = 269\,kJ$

5.3   Si tratta di un motore termico, cioè di un dispositivo in grado di produrre lavoro, trasformando in energia meccanica, il calore prelevato da una sorgente a temperatura superiore.

Rimane valido il bilancio di I principio, $Q_c = Q_H - W = 750\ J$

Nel sistema Q_C non può essere = 0, ciò sarebbe in contrasto con il II principio. Se Q_C fosse = 0 vorrebbe dire che abbiamo trasformato tutto Q_H in W. Questo non consentirebbe di operare con un ciclo termodinamico.

5.4   Si può facilmente verificare che $COP_{PdC} = COP_{frig} + 1$

Infatti $$COP_{frig} = \frac{Q_C}{Q_H - Q_C}$$

$$COP_{frig} + 1 = \frac{Q_C}{Q_H - Q_C} + 1 = \frac{Q_H}{Q_H - Q_C} = COP_{PdC} = 5$$

Il rendimento di un motore termico ideale che operi secondo lo stesso ciclo, percorso in senso orario, è il reciproco del COP di una PdC con lo stesso ciclo, ma inverso, infatti:

$$COP_{PdC} = \frac{Q_H}{L} \Leftrightarrow \eta = \frac{L}{Q_H} = \frac{1}{COP_{PdC}} = 0.2 = 20\%$$

Essendo il ciclo ideale, i rendimenti si posso esprimere anche in funzione delle temperature (COP frigorifero è solo un modo differente di chiamare l'efficienza frigorifera ε):

$$COP_{frig} = \frac{T_C}{T_H - T_C} \Rightarrow T_H = \frac{T_C(COP_{frig} + 1)}{COP_{frig}} = 341\ K$$

5.5   Si può facilmente verificare che $\varepsilon = COP_{PdC} - 1 = 5$

Infatti $$COP_{PdC} - 1 = \frac{Q_H}{Q_H - Q_C} - 1 = \frac{Q_C}{Q_H - Q_C} = \varepsilon$$

$$COP_{PdC} = \frac{Q_H}{L} \Rightarrow L = \frac{Q_H}{COP_{PdC}} = \frac{5}{6} = 0.83$$

Essendo il ciclo ideale, i rendimenti si posso esprimere anche in funzione delle temperature:

$$COP_{PdC-rev} = \frac{T_H}{T_H - T_C} \Rightarrow T_C = \frac{T_H(COP - 1)}{COP} = 394\ K$$

5.6   Essendo un ciclo reversibile, è possibile calcolare il rendimento anche con le temperature di scambio termico con le sorgenti. I dispositivi a ciclo frigorifero, estraggono calore dalla sorgente fredda.

Nel caso della macchina frigorifera otteniamo:

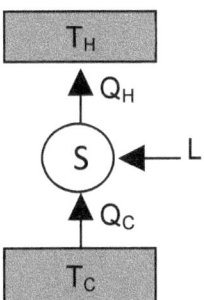

$$\varepsilon = \frac{T_C}{T_H - T_C} = \frac{273}{30} = 9.1$$

Per il lavoro utilizzato:

$$\varepsilon = \frac{Q_C}{L} \text{ perciò } L = \frac{Q_C}{\varepsilon} = \frac{300 kJ}{9.1} = 32.96 \, kJ$$

Il calore ceduto all'altra sorgente
Osservando lo schema del sistema, rifacendosi al primo principio:
$Q_H = Q_C + L = 300$ kJ $+ 32.96$ kJ $= 332.96$ kJ

5.7   Il dispositivo TD è evidentemente un motore, visto che produce en. meccanica (L).
        Il rendimento per motori termici, con cicli reversibili vale

$$\eta = \frac{T_H - T_C}{T_H} = 1 - \frac{363}{773} = 0.53 = 53\%$$

Il rendimento della macchina che non evolve secondo i cicli di Carnot sarà:
$\eta' = 0,4 \cdot 0,53 = 0,212 = 21,2\%$
$L = \eta' \cdot Q_H = 42,43 kWh$

5.8   COP = 12,783;   L = 5 kJ; Q_H = 63,913 kJ

5.9 ε = 4,475;   L = 16 kJ; Q_H = 87,593 kJ

5.10   Le temperature delle sorgenti calde saranno rispettivamente T_{HA} = 373 K e T_{HB} = 650 K. I rendimenti ideali si calcolano con la stessa formula:

$$\eta_A = 1 - \frac{T_{CA}}{T_{HA}} = 26,8\,\%$$

$$\eta_B = 1 - \frac{T_{CB}}{T_{HB}} = 15,4\,\%$$

Operando a temperature maggiori, a parità di altre grandezze, il rendimento reversibile cala.

5.11 η = 0,4185;
        Q_H = 83632 W
        Q_C = 48632 W

5.12   Calcoliamo per primo il calore scambiato con la sorgente fredda, utilizzando il bilancio entropico

$$S_{irr} = \frac{Q_c}{T_c} - \frac{Q_H}{T_H}$$

$$Q_C = 373,15 \cdot \left(0,2 + \frac{180}{773,15}\right) = 161,5 \; kJ$$

Sfruttando il primo principio sul ciclo:

$$L = Q_H - Q_C = 18,5 \; kJ$$

$$\eta = \frac{18,5}{180} \cong 10,3 \; \%$$

mentre quello calcolato come ciclo di ideale sarebbe:

$$\eta_{id} = \frac{T_H - T_C}{T_H} \cong 51,7 \; \%$$

5.13   Utilizziamo le formule tipiche del ciclo Otto (dal nome dell'ingegnere tedesco che brevettò il motore a quattro tempi, ma il ciclo era già stato definito 14 anni prima da A. Beau de Rochas) ideale, formato da due adiabatiche e due isocore, dove r_v è il rapporto di compressione volumetrico e k = c_p/c_v = 1,4. Per la prima isoentropica:

$$T_2 = (r_v)^{k-1} \cdot T_1 = 614,03 \; K$$

per la seconda che è isocora:

$$T_3 = \frac{q_c}{c_v} + T_2 = 2008,7 \; K$$

5.14   La soluzione è simile all'esercizio precedente. Il ciclo Diesel (dal nome dell'ingegnere che ideò la macchina termica e ne sviluppo un'applicazione meccanica) ideale è formato da due adiabatiche, un'isobara e un'isocora. Consente di avere rapporti di combustione e rendimenti più elevati, ma in compenso sono più rumorosi e pesanti. Per la prima adiabatica, stessa formula del ciclo Otto:

$$T_2 = (r_v)^{k-1} \cdot T_1 = 810,6 \; K$$

200 K superiore a quella del motere ideale a benzina dell'esempio precedente, perchè il rapporto di compressione è raddoppiato.
La temperatura massima invece risulta di 200 K inferiore perchè $c_p > c_v$

$$T_3 = \frac{q_c}{c_p} + T_2 = 1807,6 \; K$$

5.15   ε = 11,94 ; L = 23,18 W ; Q$_c$ = 276,82 W

5.16   Utilizziamo le tabelle per il refrigerante che compie il ciclo in figura. All'inizio della compressione l'entalpia vale h_1 = 244,1 kJ/kg ed entropia s_1 = 0,9222 kJ/kgK. Al termine della compressione isoentropica, interpolando linearmente i valori, h_{2is} = 274,4 kJ/kg e considerando il rendimento della compressione reale h_2 = 304,7 kJ/kg.

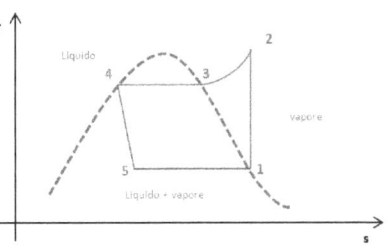

All'uscita del condensatore, siamo su una isobara, h_4 = 105,3 kJ/kg = h_5, la stessa all'ingresso dell'evaporatore. Il rendimento per il ciclo vale 2,29.

Il calore che il ciclo deve asportare dalla cella è pari a quello che entra dalle pareti di superficie A, quindi Q_c = U A ΔT = 60 W. Il lavoro meccanico al compressore necessario sarà:

$$L_m = \frac{Q_c}{\varepsilon} = 26,2 \ W \qquad \text{L'energia assorbita dal motore elettrico:}$$

$$L_e = \frac{L_m}{\eta} = 29,11 \ W \quad \text{Il costo di consumo in bolletta elettrica, lo troviamo}$$

moltiplicando questo assorbimento dalla rete per le 24 h, 31 giorni e il costo unitario dal fornitore, pari a 3,9 €.

5.17   Il ciclo è lo stesso del frigorifero dell'esercizio precedente, al quale si può aggiungere la trasformazione operata dal compressore reale fino al punto 2_r. Dalle tabelle del fluido R134a ricaviamo i valori della pressione in 1 (uguale a quella in 4) e in 3, come anche le entalpie specifiche e il valore dell'entropia nel punto 1, che ci permetterà, interpolando di trovare anche l'entalpia in 2. Il valore del COP risultante è 3,5.

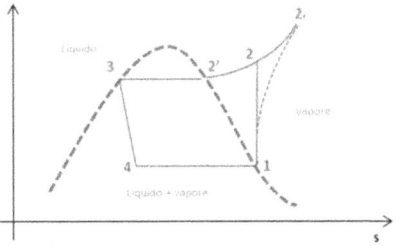

5.18   No, perché il motore reale avrebbe un rendimento (L/Q_H) pari al 50 %, cioè superiore al rendimento del motore a ciclo di Carnot. Il rendimento di questo ciclo ideale reversibile di Carnot è quello massimo ottenibile con sorgenti a T fissata.

5.19   L'umidità relativa rappresenta il rapporto tra la massa di vapore presente nell'aria e la massa di vapor saturo UR = m_v/m_{vsat}. Poiché quest'ultima cresce al crescere della temperatura, trovandosi al denominatore farà diminuire UR.

5.20   Innanzitutto ricordiamo alcuni parametri approssimati per l'aria a 20 °C: ρ = 1,2 kg/m^3 e c_p = 1 kJ/kgK. La massa dell'aria sarà: m = 1,2 (30 * 4) = 144 kg.

I dati sulla convezione e la superficie della pelle delle persone non servono dato che la dispersione (300 W a persona) è fornita già tra i dati del testo. Volendola calcolare utilizzando una temperatura superficiale della pelle di 29 °C, si ottiene circa il medesimo risultato.

Per calcolare la potenza introdotta dalla PdC, ricordiamo che

$$\dot{Q}_H = \varepsilon \cdot L = 3 \cdot 500 = 1500W$$

A questo punto si deve fare un bilancio, sommando le energie entranti e uscenti dalla sala:

$$\sum \dot{Q}_{netta} = -1800 + 3 \cdot 100 + 4 \cdot 300 + 1500 + 50 = 1250W$$

dopo un'ora l'energia introdotta in regime permanente sarà:

$$Q = \dot{Q}_{netta} \cdot tempo = 1250 \cdot 3600 = 4500 kJ \qquad \text{e} \qquad \text{la} \qquad \text{temperatura} \qquad \text{finale}$$

$$t_{fin} = t_{ini} + \frac{Q}{mc_p} = 49,25°C$$

5.21   Come si vede nel disegno, per dati meteo (in questo caso aeroporto di Cameri, provincia di Novara) in cui la temperatura in superficie scende fino a -10 °C in inverno e arriva ai 30 °C estivi, le temperature visualizzate per 3 differenti profondità, 0,5 m, 2 m e 4 m, hanno oscillazioni molto più contenute. A 4 m di profondità (linea più scura) la temperatura rimane compresa tra 7 e 16 °C, rendendo lo scambio termico quasi indipendente dalle temperature stagionali. Inserendo quindi la serpentina dello scambiatore sotto terra, la

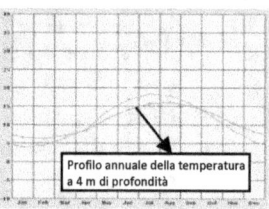

Profilo annuale della temperatura a 4 m di profondità

macchina frigorifera lavorerà più vicina ai valori ottimali di progetto e il ΔT da imporre al fluido refrigerante nel circuito è decisamente minore, quindi lo saranno anche le potenze scambiate e di conseguenza i consumi delle macchine.

5.22   La quantità di calore che la pompa di calore fornisce all'edificio nelle 12 ore è data da:

$$Q_H = \dot{Q}_H \cdot tempo = 10 \cdot 12 = 120\,kWh$$

Il consumo energetico della pompa di calore corrisponde al lavoro che viene fornito sotto forma di energia elettrica, dato da:

$$L_C = \frac{Q_H}{COP} = \frac{120}{2,5} = 48 \, kWh$$

$$L_A = \frac{Q_H}{COP} = \frac{120}{4} = 30 \, kWh$$

Il fabbisogno di combustibile in volume è calcolato dalla:

$$V_C = \frac{Q}{\eta \cdot PCI} = 13,17 \, litri$$

I rispettivi costi per una giornata di riscaldamento saranno:

PdC_C = 7,2 €

PdC_A = 4,5 €

Caldaia = 19,75 €

5.23   Prima calcoliamo il L a disposizione del compressore della macchina, che è = a quello elettrico assorbito dalla rete a meno del rendimento del motore del compressore $L = L_{el} \cdot \eta_{el} = 9 \cdot 0,9 = 8,1 kJ$. Possiamo dire che questa sia l'energia meccanica che farà funzionare il compressore della PdC.

Poiché il calore con cui si scalda la sorgente calda vale Q_H = 30 kJ, significa che il calore estratto dalla sorgente fredda, l'aria esterna in questo esempio, vale Q_C = 21 kJ. Possiamo dire che questa sia energia gratuita, estratta dall'ambiente e trasferita dalla PdC all'interno, attraverso il ciclo.

Il COP reale della PdC vale $COP = \frac{Q_H}{L} = \frac{30}{8,1} = 3,7$ un valore medio alto per una macchina di recente progettazione, mentre il COP ideale della PdC varrebbe $COP_{REV} = \frac{T_H}{T_H - T_C} = \frac{290}{30} = 9,67$. In tal caso il lavoro del compressore sarebbe $L = \frac{Q_H}{COP} = \frac{30}{9,67} = 3,1 kJ$

Per il ciclo reale la variazione di entropia della sorgente calda vale:

$$\Delta S_H = \frac{Q_H}{T_H} = \frac{30.000}{290} = 103,45 \frac{J}{K}$$ mentre la variazione di entropia della sorgente fredda vale:

$$\Delta S_C = \frac{Q_C}{T_C} = \frac{21.900}{260} = 84,23 \frac{J}{K}$$. Perciò la variazione di entropia totale è uguale a: $\Delta S_{tot} = \Delta S_H - \Delta S_C = 19,22 \frac{J}{K}$.

Nel ciclo ideale, avendo supposto Q_H uguale a quello reale, ΔS_H rimane invariata. Invece il consumo della macchina diminuisce e aumenta la quota di Q_C, quindi di energia gratuita estratta dall'ambiente esterno:

$$\Delta S_C = \frac{Q_C}{T_C} = \frac{26.900}{260} = 103,45 \frac{J}{K}$$

$$\Delta S_{tot} = \Delta S_H - \Delta S_C = 0 \frac{J}{K}$$

5.24   La quantità di calore che la pompa di calore fornisce all'edificio nelle 8 ore è data da:

$Q_H = \dot{Q}_H \cdot tempo = 50 \cdot 8 = 400 kWh$. Il consumo energetico della pompa di calore corrisponde al lavoro che viene fornito sotto forma di energia elettrica dato da: $L = \frac{Q_H}{COP} = \frac{400}{4} = 100 kWh$

La variazione di entropia del pozzo si calcola considerando il calore Q_C sottratto dalla pompa di calore sempre nelle 8 ore:

$$\Delta S_C = \frac{Q_C}{T} = \frac{Q_H - L}{T} = \frac{400 - 100}{16,85 + 273,15} = 1 \frac{kWh}{K} \cdot 3.600 = 3600 \frac{kJ}{K}$$. La variazio-

ne di entropia, considerando che il calore è uscente dal pozzo, per questa sorgente avrà segno negativo.

Il fabbisogno di combustibile FC è calcolato dividendo il calore necessario per il rendimento della caldaia e il potere calorifico del combustibile:

$$F_C = \frac{Q}{\eta \cdot PCI} = \frac{400.000}{0,80 \cdot 8.600} \frac{Wh}{Wh/m^3} = 58,13 m^3$$.

5.25   Portata mix = 1050 kg/h = 1 kg/s
Temperatura di miscela t_{mix} = 16,72 °C
Titolo miscela x_{mix} = 9,176 gr_{vap}/kg_{as}
Entalpia specifica prima massa h_1 = 56,17 kJ/ kg_a
Entalpia specifica seconda massa h_2 = 19,67 kJ/ kg_a
Entalpia specifica miscela h_{mix} = 39,95 kJ/ kg_a

5.26   Potenza consumata = 520 W

5.27   Potenza consumata = 250 W

5.28   Calcoliamo la variazione di entropia della PdC dovuta allo scambio di calore con la sorgente fredda:

$$\Delta S_C = \frac{Q_C}{T_C} = \frac{+510}{300} = +1,7 \, kJ\!\!\Big/\!\!K$$

Dato che la variazione complessiva è - 0,2 kJ/K, significa che la variazione dovuta allo scambio di calore con la sorgente più calda vale − 1,9 kJ/K. Questo valore ci consente di calcolare il calore scambiato dalla pompa con la sorgente calda:

$$\Delta S_H = \frac{Q_H}{T_H} \Rightarrow |Q_H| = |\Delta S_H| \cdot T_H = 1,9 \cdot 310 = 589 kJ$$

Il lavoro necessario per il funzionamento della pompa vale 79 kJ e COP della macchina vale quindi 7,456.

Se invece consideriamo il ciclo come reversibile, il coefficiente di prestazione si può calcolare con le temperature delle sorgenti:

$$COP_{rev} = \frac{T_H}{T_H - T_C} = \frac{310}{10} = 31$$

5.29   Il ciclo frigorifero è schematizzato in figura. In questa immagine per "entrante" e "uscente" ci si riferisce al fluido frigorifero che compie il ciclo, notazione invertita se ci riferiamo agli ambienti.

Le potenze scambiate sono pari alle differenze di entalpia all'ingresso e uscita dagli scambiatori, ottenute dal prodotto della portata in massa per le differenze di entalpia specifica:

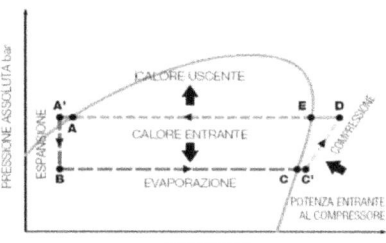

$\dot{Q}_H = \dot{m}(h_A - h_D) = 2 \cdot (421,2 - 1785) = -2727,6 \ W$

possiamo prendere $h_B = h_A$ dato che la laminazione è isoentalpica, inoltre la differenza tra h_A e $h_{A'}$ è trascurabile

$\dot{Q}_C = \dot{m}(h_C - h_A) = 2 \cdot (1417,8 - 421,2) = +1993,2 \ W$

$\dot{L} = \left| \dot{Q}_H - \dot{Q}_C \right| = 734,4 W$

$\varepsilon = \dfrac{\dot{Q}_C}{\dot{L}} = 2,71$

Le potenze scambiate dipendono dalla portata di fluido, mentre l'efficienza teorica poteva essere calcolata con le potenze ed entalpie specifiche.

5.30   Il ciclo frigorifero è un Rankine ideale inverso come quello rappresentato in figura nel piano di Gibbs. Le condizioni 1 e 3 sono completamente determinabili, per la condizione satura delle rispettive fasi, è sufficiente utilizzare una tabella delle proprietà termodinamiche del R134a, considerando i valori delle T date, considerando che il fluido deve trovarsi a 15 °C di differenza dalla sorgente. Il punto 4 si ricava per isoentalpia con il punto 3 e il punto 2 per isoentropia con 1.

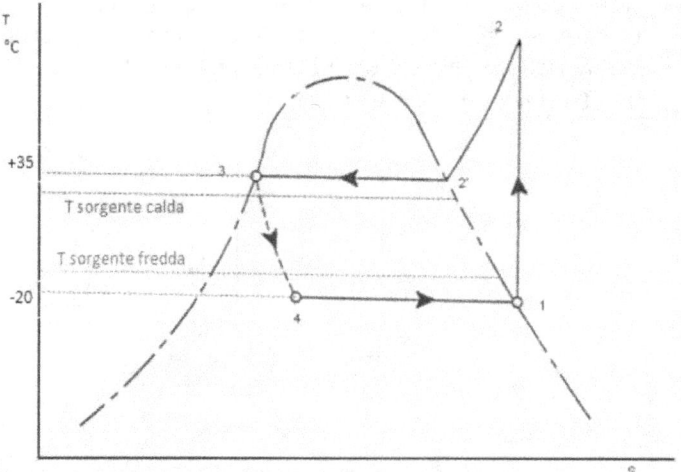

La tabella riporta i valori utili

	T [°C]	p [mPa]	v [m³/kg]	h [kJ/kg]	s [kJ/kgK]	x
1	-20	0,1329	0,1464	235,3	0,9332	1
2	43,2	0,862	0,02428	272	0,9332	
3	35	0,862	0,0008530	98,7	0,363	0
4	- 20	0,1329	0,05266	98,7		

La portata in massa, l'efficienza e la potenza meccanica saranno:

$$\dot{m} = \frac{\dot{Q}_C}{(h_1 - h_4)} = 0.036 \; ^{kg}\!/_s$$

$$\varepsilon_{ID} = \frac{(h_1 - h_4)}{(h_2 - h_1)} = 3,725$$

$$\dot{L} = \frac{\dot{Q}_C}{\varepsilon_{ID}} = 1,34 \mathrm{kW}$$

5.31   Anche questo esercizio distingue le temperature del fluido che esegue il ciclo da quelle delle sorgenti con le quali esso scambia energia. Il ragionamento con cui impostare la soluzione non è però diverso e facendo riferimento ancora al ciclo schematizzato usato nell'esercizio precedente, si dovranno valutare gli scambi energetici attraverso le differenze di entalpia.

Dalle tabelle del gas R-134a, otteniamo:

h_C = 236,53 kJ/kg

h_D = 329 kJ/kg

h_E = 274,68 kJ/kg

$h_B = h_A$ = 130,93 kJ/kg

h_E = 274,68 kJ/kg

$$\dot{m}_{R-134a} = \frac{\dot{Q}_H}{(h_D - h_A)} = 0,04 \; ^{kg}\!/_s$$

$$\dot{L} = \dot{m} \cdot (h_D - h_C) = 3,725 \, \mathrm{kW}$$

per l'aria a $10 \, ^\circ C = 283 \, K \Rightarrow h_{283} = 283 \; ^{kJ}\!/_s$

a $40 \, ^\circ C = 313 \, K \Rightarrow h_{313} = 313 \; ^{kJ}\!/_s$

$$\dot{m}_{aria} = \frac{\dot{Q}_H}{(h_{313} - h_{283})} = 0,267 \; ^{kg}\!/_s$$

$$COP = \frac{\dot{Q}_H}{\dot{L}} = 2,148$$

5.32   Innanzitutto valutiamo il volume:
$$V = 11\,700\ m^2 * 37.9\ m = 443\,430\ m^3$$
Essendo a 15 °C ed assumendo pressione atmosferica standard l'aria si trova in condizioni standard, quindi sarà $\rho = 1.225\ \frac{kg}{m^3}$ per cui
$$m = \rho * V = 1.225\ \frac{kg}{m^3} * 443\,430\ m^3 = 543\,201.75\ kg$$
Notando che $\Delta T = 20 - 15 = 5\ C = 5\ K$
Possiamo valutare il calore necessario:
$$Q = m * C_p * \Delta T = 543\,201.75\ kg * 1\ \frac{kJ}{kg\ K} * 5\ K = 2\,716\,005\ kJ$$
$$= 2\,716\ MJ$$
Il calore necessario in ingresso al bruciatore, considerando il suo rendimento, varrà: $Q_b = \frac{Q}{\eta} = \frac{2716\,MJ}{0.8} = 3\,395\ MJ$
La potenza minima del bruciatore si calcola come:
$$P_b = \frac{Q_b}{t} = \frac{3395\ MJ}{2 * 3600\ s} = 0.472\ MW = 472\ kW$$
La massa di metano consumata è $m_m = \frac{3395\ MJ}{55.5\ \frac{MJ}{kg}} = 61.7\ kg$

Mentre il suo volume: $V_m = \frac{61.7\ kg}{0.72\ \frac{kg}{m^3}} = 84.96\ m^3$

E' ora immediato calcolare il costo:
$$Costo = 84.96\ m^3 * 0.95\ \frac{\text{€}}{m^3} = 80.71\ \text{€}$$

5.33   Innanzitutto valutiamo il volume di metano a disposizione:
$$V_m = \frac{10\ \text{€}}{0.95\ \frac{\text{€}}{m^3}} = 10.53\ m^3$$
Pari ad una massa di
$$m_m = \rho_m * V_m = 0.72\ \frac{kg}{m^3} * 10.53\ m^3 = 7.58\ kg$$
Bruciando questa quantità verrà generato un calore Q_b che è possibile determinare conoscendo il potere calorifico
$$Q_b = 7.58\ kg * 55.5\ \frac{MJ}{kg} = 420.63\ MJ$$
Attraverso il rendimento del bruciatore calcoliamo infine il calore Q_u ceduto all'utenza
$$Q_u = Q_b * \eta = 420.63\ MJ * 0.75 = 315.47\ MJ$$

5.34   Valutiamo quanta energia elettrica (e quindi quanto lavoro) abbiamo a disposizione:

$$E = L = \frac{10\ €}{0.07\ \frac{€}{kWh}} = 142.86\ kWh = 142.86\ kWh * \frac{3600\ s}{1\ h} = 514287\ kJ$$

$$= 514.287\ MJ$$

Calcoliamo ora il COP della macchina ideale, che è esprimibile in termini di temperature:

$$COP_i = \frac{T_H}{T_H - T_c} = \frac{293\ K}{25\ K} = 11.72$$

Il COP della macchina in esame risulterà:

$$COP = \frac{COP_i}{4} = 2.93$$

Ricordando che

$$COP = \frac{Q_H}{L}$$

Risulterà

$$Q_H = COP * L = 2.93 * 514.287\ MJ = 1507\ MJ$$

5.35   Calcoliamo il fabbisogno energetico settimanale dell'ambiente:

$$Q_{SETT} = 2,7\ kW * 24\ \frac{h}{giorno} * 7\ \frac{giorni}{settimana} = 453.6\ \frac{kWh}{settimana}$$

Col sistema a termosifoni elettrici questo fabbisogno sarà coperto interamente dall' energia consumata, e quindi il costo C_T sarà:

$$C_T = 453.6\ \frac{kWh}{settimana} * 0.07\ \frac{€}{kWh} = 31.75\ \frac{€}{settimana}$$

Ricordando che per una pompa di calore vale:

$$COP = \frac{Q_H}{L}$$

Possiamo valutare il lavoro (e quindi l'energia) richiesta dalla pompa di calore per fornire il calore Q_H che andrà a bilanciare il fabbisogno settimanale

$$L = \frac{Q_H}{COP} = \frac{Q_{SETT}}{COP} = \frac{453.6\ \frac{kWh}{settimana}}{4} = 113.4\ \frac{kWh}{settimana}$$

Pari ad un costo C_{PDC}

$$C_{PDC} = 113.4\ \frac{kWh}{settimana} * 0.07\ \frac{€}{kWh} = 7.94\ \frac{€}{settimana}$$

Il risparmio settimanale garantito dalla pompa di calore è pari a

$$C_T - C_{PDC} = (31.75 - 7.94)\ \frac{€}{settimana} = 23.81\ \frac{€}{settimana}$$

Per recuperare l'investimento saranno quindi necessarie:

$$n = \frac{1900 \text{ €}}{23.81 \frac{\text{€}}{settimana}} = 79.80 \ settimane$$

Soluzioni capitolo: Trasmissione del calore

6.1   Dobbiamo valutare il fabbisogno energetico in riscaldamento per l'edificio. Cominciamo con il calcolo delle superfici disperdenti: l'area delle superfici disperdenti va presa in considerazione solo per 5 pareti, dato che quella a contatto con il terreno non disperde essendo questi alla stessa T dell'aria interna. Le finestre sono presenti solo sulle pareti verticali.
$A_{tot} = 10 * 10 * 5 = 500 \ m^2$; $A_{fin} = 2 * 1 * 2 * 4 = 16 \ m^2$
$A_{muri} = A_{tot} - A_{fin} = 484 \ m^2$
Poi calcoliamo le conduttanze delle pareti $U_{muri} = \lambda_{muri}/s_{muri} = 1 \ W/m^2K$
e del vetro $U_{fin} = \lambda_{fin}/s_{fin} = 40 \ W/m^2K$
La potenza termica fluente si calcola moltiplicando le trasmittanze per le superfici e la differenza di temperatura sia per i muri, sia per le finestre
$P = P_{muri} + P_{fin} = 22.480 \ W$
La potenza necessaria è in realtà minore, perché esistono anche gli apporti gratuiti, interni (persone e apparecchiature) e quelli esterni (solari). Poiché l'impianto è in grado di erogare 35.000 W, riuscirebbe comunque a compensare questa dispersione.
Il calore disperso nel periodo indicato è dato da P * tempo = 349.608 MJ = 97.113,6 kWh. Il costo finale in un anno (6 mesi di riscaldamento) sarà circa 27.192 €. Se si usasse una PdC con rendimento supposto costante pari a 3, la potenza assorbita dalla rete elettrica sarebbe un terzo del fabbisogno e per il medesimo periodo e costo a kWh, il costo sarebbe un terzo.

6.2   Risparmio annuo = 8482 €, cioè si spende circa la metà della configurazione precedente.

6.3   La potenza uscente per convezione dalla superficie superiore è
$P_{conv} = h_e * A * \Delta T = 9900 \ W$ Disponendo della temperatura della superficie superiore e dell'aria interna possiamo calcolare la potenza fluente considerando la conduzione attraverso il tetto e combinata alla potenza ceduta dal soffitto all'aria interna per convezione. La trasmittanza dovuta a questi due fenomeni sarà $K = (1/h_i + s/\lambda)^{-1} = 3,75 \ W/m^2 \ K$ e la potenza totale fluente è $P_p = K * A * \Delta T = 1620 \ W$
Perciò la potenza uscente dalla superficie superiore del tetto è = 11520 W. La potenza assorbita per irraggiamento vale invece $P_{ass} = P_{inc} * \alpha * A = 11340 \ W$, perciò la superficie superiore perde una potenza netta = $P_{ass} - P_{conv} = -180 \ W$ e la sua temperatura si abbasserà fino a quando i ΔT saranno tali per cui la somma delle sue potenze P_{conv} e P_p sarà uguale alla potenza assorbita dalla parete.

6.4   La temperatura è in aumento

6.5   Si applica (inversamente) la legge di Wien: il prodotto della lunghezza
         d'onda per la temperatura in cui avviene la massima emissione di potenza
         termica dei corpi irraggianti, è una costante: $\lambda T_{max\ potenza}$ = 2897,8, quindi,
         risulta $T_{max\ potenza}$ = 5522 °C

6.6 λ = 2,9 μm

6.7   Applicare la legge di Stefan-Boltzmann
         $$\dot{Q} = \varepsilon\sigma A T^4 = 0.3 \cdot 5,67 \cdot 10^{-8} \cdot 4 \cdot (300)^4 = 551 W$$

6.8   P = 3483,648 W

6.9   La trasmittanza totale U_{tot} = $(R_{tot})^{-1}$ = (1/30 + 0,015/1,4 + 0,02/0,16 +
         0,015/1,4 + 1/20)$^{-1}$ = 4,352 W/m^{2}K
         La potenza ceduta per convezione sul lato destro della parete: in regime
         stazionario è la stessa che attraversa tutta la parete, per cui $\Phi = U_{tot} \Delta T$ =
         87 W/ m^2
         La differenza di temperatura dell'aria a contatto con il lato destro della
         parete nelle stesse condizioni, poiché il flusso è costante
         $$q_{conv} = \Phi = h_{dx} \cdot \Delta T \Rightarrow \Delta T = 4.35 \Rightarrow t = t_{ariadx} \pm 4.35\,°C$$

6.10   Per calcolare la trasmittanza totale, è necessario sommare le resistenze
         convettive e quella conduttiva, e poi farne il reciproco:
         $$U_{tot} = (\frac{1}{h_{sx}} + \frac{s_{vetro}}{\lambda_{vetro}} + \frac{1}{h_{dx}})^{-1} = (\frac{1}{10} + \frac{0.3}{1.4} + \frac{1}{20})^{-1} = 2.74 W/m^2 K$$
         Per la potenza ceduta per convezione sul lato destro della parete conside-
         riamo che il flusso di potenza termica è uguale attraverso tutta la parete.
         Dato che si conosce solo il ΔT tra aria e parete a sinistra, utilizziamo la ces-
         sione per convezione a sinistra della parete.
         $\dot{q} = h_{sx}\Delta T = 10 \cdot (20 - 18) = 20 W/m^2$ La temperatura dell'aria sul la-
         to destro della parete nelle stesse condizioni: avendo calcolato la K_{tot} con-
         siderando che il flusso è costante, si avrà, tra aria sinistra e aria a destra
         della parete un flusso di potenza = a 20 W/m^2.

$$\Delta T = \dot{q}/U_{tot} = 20/2.74 = 7.3°C$$

Perciò la T_{aria} a destra è = 20 − 7.3 = 12.7 °C

La potenza totale ceduta sul lato destro della parete è la somma di quella convettiva (20 W/m^2) e della potenza che la parete irraggia. Per calcolarla è necessario calcolare la temperatura superficiale della parete irraggiante.

$$T_{par\,dx} = T_{aria\,dx} + \frac{\dot{q}}{h_{dx}} = 12.71 + \frac{20}{20} = 13.7°C$$

$$\dot{q}_{irr} = \varepsilon \cdot \sigma \cdot T^4_{par.dx} = 0.4 \cdot 5.67 \cdot 10^{-8} \cdot (13.7+273.15)^4 \approx 153W/m^2$$

$$\dot{q}_{tot} = \dot{q}_{conv} + \dot{q}_{irr} = 20 + 153 = 173W/m^2$$

6.11 Poiché sono note le temperature degli ambienti confinanti con le pareti e la potenza termica che si trasmette per conduzione e convenzione, possiamo associare il flusso per unità di superficie alla conduttività totale.

$$\dot{q} = U_{tot}\Delta T \Rightarrow (\frac{1}{h_i} + \frac{s}{\lambda} + \frac{1}{h_e})^{-1}\Delta T = 50 \, W/m^2$$

Nell'equazione, l'unica incognita è lo spessore s = 39,5 mm.

6.12 ϕ_{conv} = 700 W/m^2; ϕ_{coib} = 51,85 W/m^2

6.13 Sì e solo per irraggiamento; questa modalità consente il trasporto di energia attraverso il campo elettromagnetico e non necessita perciò del supporto di materia.

6.14 Per calcolare la trasmittanza totale della finestra, sommare le resistenze degli strati compresi i coefficienti liminari (convertendo le lunghezze in metri)
R_{fin}=1/30+0,004/1,4+0,015/0.16+0,004/1,4+1/20= 0,1827 m^{2}K/W
La trasmittanza è il reciproco della resistenza: K_{fin}=1/R_{fin} = 5,47 W/m^{2}K
La potenza termica, attraversante tutta la parete (muro e finestra) è la somma della potenza attraversante la finestra e la parete.
Superficie finestra = 1 m^2, superficie parete = 4 * 2,5 − 1 = 9 m^2
Q_{fin} = 5,47 * 1 * (22 - (-2)) = 131,29 W
Calcoliamo anche la trasmittanza della parete:
R_{parete} = 1/30 + 0,2/0,72 + 1/20 = 0,361 m^{2}K/W
Q_{parete} = 1/0,361 * 9 * (22 - (-2)) = 598 W

Q_{totale} = 131 + 598 = 726 W

Per trovare la temperatura superficiale della parete del muro a contatto con l'ambiente esterno, partiamo dal flusso calcolato, lo poniamo = a quello di convezione esterna (siamo in regime stazionario), che ci fornisce il ΔT tra aria e superficie e lo sommiamo alla temperatura esterna.

T = T_e + Q_{parete}/A*h_e = 0,215 °C

6.15   Calcoliamo la superficie del contenitore sferico: S = $4\pi r^2$ = 12,56 m^2. La trasmittanza come rapporto tra la potenza fluente nota, la superficie e la differenza di temperature esterno-interno: U = $\dot{Q}$/ΔT S = 1,016 W/m^{2}K, dal quale ricaviamo il l del polistirene sviluppando la formula della trasmittanza rispetto a questo coefficiente: l_{pol} = 0,027 W/mK. La temperatura della parete esterna la calcoliamo sottraendo il ΔT dovuto alla convezione esterna $t_{est} - \dot{q}$ /h_{est} = 20 - 293,5/30 = 10,2 °C.

6.16   Per valutare la potenza trasmessa dal serbatoio, dovremo ipotizzare un valore della temperatura del terreno in cui è inserito. Con strumenti di calcolo, sui testi o attraverso il web, 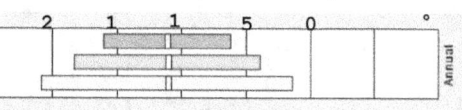 è facile avere un'idea della differenza tra la temperatura del terreno e quella dell'aria esterna. Per fare un esempio, con uno strumento software abbiamo calcolato la variazione nell'arco di un anno del valore medio mensile della temperatura nel sottosuolo a 50 cm (barra più in basso), 1 m (barra intermedia) e 4 m (barra in alto); le temperature dell'aria sono quelle reali registrate in una località lombarda, che in quell'anno hanno avuto un valore minimo di – 12 °C e un massimo di 33 °C. E' interessante notare che, anche con profondità relativamente contenute (nell'ordine di normali costruzioni edilizie), si riesca a ottenere valori molto più stabili. Sotto i 4 m dal livello del suolo possiamo ipotizzare che l'oscillazione intorno al valor medio di 12 °C, sia molto contenuta. Per calcolare la dispersione possiamo utilizzare la superficie del cilindro stesso oppure raffinare il calcolo utilizzando quella derivante dal fattore di forma, anch'essa facilmente reperibile. Per un cilindro di lunghezza L e diametro D, posto verticalmente in regime di conduzione permanente, la formula è:

$$S = \frac{2\pi L}{\ln(4L/D)} = \frac{2\pi 5}{\ln(20/1)} = \frac{15,7}{3} = 5,24 \text{ m}$$

La potenza trasmessa in parete, per conduzione sarà:

$$\dot{Q} = S \cdot \lambda \cdot (T_{int} - T_{ext}) = 245 \text{ W}$$

6.17   Prima di eseguire calcoli, dobbiamo fare qualche ipotesi semplificativa: l'aria viene considerata un gas ideale, la temperatura dell'acqua costante lungo il condotto, quindi condizioni operative stazionarie. Il coefficiente di trasmissione per conduttività del ferro è reperibile tra le norme, tabelle dei testi di fisica tecnica o su internet: un valore approssimato può essere 70 W/mK. Anche i coefficienti di convezione possono essere reperiti dalle medesime fonti; per quello esterno, in prima approssimazione, possiamo usare la formula:

$$h_e = 2,3 + 10,5 \cdot \sqrt{w} \approx 34 \text{ W/m}^2 K \text{ (w è la velocità dell'aria).}$$

Per il coefficiente interno, considerando la convezione forzata in regime laminare, un valore utilizzabile è 5000 W/m²K. La trasmittanza complessiva della parete del condotto risulterà = a 33,6 W/m²K e la potenza dispersa complessiva lungo il condotto risulterebbe circa 4690 W. Una dispersione di quasi 5 kW non consentirebbe certo di mantenere l'ipotesi che la temperatura dell'acqua lungo il tubo rimanga costante, ma a parte questa considerazione, sarebbe uno spreco non accettabile per un impianto. Per limitare questa dispersione, basta avvolgere il condotto con uno strato di 2 cm di isolante per tubazioni da riscaldamento in commercio, il cui valore di λ si aggira intorno a 0,35 W/mK: la potenza dispersa scenderebbe drasticamente ad un valore totale di 25 W.

6.18   Non essendo indicato diversamente, si suppone sia un flusso stazionario e monodimensionale, la potenza calcolata sarà quella in direzione radiale, per una lunghezza del tubo unitaria. La trasmittanza del tubo isolato, si calcola componendo le resistenze e le relative superfici in serie.

$$R_{con\,v\,int} = \frac{1}{A_{int}h_{int}} = \frac{1}{2\pi \cdot 0.05 \cdot 1 \cdot 10} = 0,0636 \text{ K/W}$$

$$R_{con\,v\,est} = \frac{1}{A_{est}h_{est}} = \frac{1}{2\pi \cdot 0.05 \cdot 1 \cdot 50} = 0,2122 \text{ K/W}$$

$$R_{tubo} = \frac{\ln{^{r_{int}}\!/\!_{r_{est}}}}{2\pi L\lambda_{tubo}} = 0,0004 \text{ K/W}$$

$$R_{iso} = \frac{\ln{^{r_{est}}\!/\!_{(r_{est}+S_{iso})}}}{2\pi L\lambda_{iso}} = 0,1234 \text{ K/W}$$

$$\dot{Q} = \left(\sum R\right)^{-1} \cdot \Delta T = 132,4 \text{ W}$$

6.19   Per un corpo immerso in un fluido a T costante, la relazione tra le temperature T ed il tempo t è espressa dalla legge a parametri concentrati:

$$\frac{(T - T_\infty)}{(T_i - T_\infty)} = e^{-bt} \qquad \text{dove b vale } b = \frac{hA}{\rho V c_p}$$

Questa relazione è corretta tanto più piccolo è il numero di Biot:

$$B_i = \frac{hL_c}{k} = 0,1$$

In questo caso siamo al limite di valori accettabili.
Quindi il tempo t sarà:

$$t = \left[ln \frac{(T_f - T_\infty)}{(T_i - T_\infty)} \right] \cdot \left(-\frac{\rho V c_p}{hA} \right) \cong 550s$$

$$Q = mc\Delta T \cong 157 \, kJ$$

6.20　　Q = 2512 W e $T_{sup\,e}$ = 100 °C

6.21　　La prima considerazione è che, vista la direzione del fluido rispetto ai cilindri, la lunghezza caratteristica sia il diametro stesso. Calcoliamo il coeff. convettivo:

$$h = \left[ln \frac{(T_f - T_\infty)}{(T_i - T_\infty)} \right] \cdot \left(-\frac{\rho_s L_c c_s}{t} \right) \cong 1177W/m^2K$$

A questo punto possiamo valutare il numero di Biot

$$B_i = \frac{hL_c}{k_s} = 0,094$$

quindi siamo in valori corretti per l'uso dei parametri concentrati.
Poi calcoliamo il numero di Nusselt:

$$Nu = \frac{h_f L_c}{k_f} = 470,8$$

questo valore è 100 volte il valore tipico dei flussi laminari. Per questo valuteremo il numero di Reynolds, attraverso l'equazione Dittus-Boelter, con l'esponente per Prandtl = a 0,4 tipico del caso in cui il fluido è più freddo del corpo solido. Prima calcoliamo il nu-

$$Pr = \frac{c_f \mu_f}{k_f} = 100$$

mero di Prandtl:

e usando l'eq. Dittus-Boelter $\quad Nu = 0.023 Re^{4/5} Pr^{0.4}$
si ricava Re = 24484 che conferma il flusso turbolento.

6.22　　Dispersione specifica (si ottiene moltiplicando trasmittanza e superficie):

$$A \cdot \left(\frac{1}{hi} + \frac{1}{he} + \sum \frac{s}{\lambda} \right)^{-1} = 20,8 \text{ W/K}$$

Per calcolare gli spessori si tenga conto che per dimezzare le dispersioni si dovrà raddoppiare la resistenza, quindi aggiungere uno strato di isolante con trasmittanza = a quella dello strato esistente: spessore isol_1 $K_{\text{isol}} = K_{\text{parete}} = 5,2 = \lambda \, / \, s$, perciò $s_1 = 19,23$ mm e spessore $\text{isol}_2 = s_2 = 30$ mm. Il più economico è l'isol_1 e il costo complessivo dell'isolamento è di poco superiore ai 30 €.

6.23   Volume = s * A = 0,06 m^3 , costo = 6 €

6.24   Per risolvere l'esercizio si parta da uno schema grafico dei flussi semplificato, per poi eseguire un bilancio energetico per m^2 di superficie.

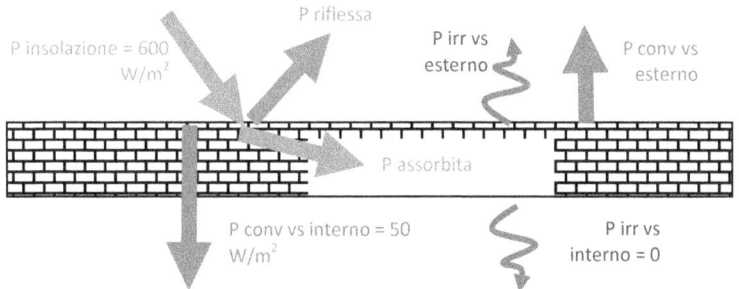

La potenza scambiata con l'aria interna vale 50 W/m^2. La somma delle potenze uscenti è circa 165 W/m^2 mentre quella assorbita è 360 W/m^2; si ricorda che per le pareti opache il coefficiente di assorbimento è = 1 − coeff. di riflessione e che in questo esempio la potenza irraggiata all'interno è nulla, dato che la superficie interna ha emissività = 0. Dato che questa potenza entrante è > di quella uscente, la temperatura del tetto salirà fino a quando la somma della potenza trasmessa per conduzione e convezione verso l'interno del garage e quella per irraggiamento verso l'esterno non saranno = a quella assorbita per irraggiamento.

6.25   Per calcolare la temperatura superficiale è sufficiente sviluppare l'equazione di Stefan-Boltzmann rispetto a T; per cui, con i valori dell'esercizio: 0.6 * 100 * σ * T^4 Il valore in questo caso è T = 619 K.

6.26   La potenza è nulla trattandosi di materiale opaco.

6.27   Dobbiamo ipotizzare i valori dei coeff. di convezione: prendendo h_{int} = 10
        W/m^2K e h_{est} = 30 W/m^2K, risulta:
        K_{fin} = 4,76 W/m^2K
        Φ_{par} = 79,4 W/m^2
        Q_{disp} = 1572 W
        Lo spessore non è calcolabile poiché, anche eliminando del tutto lo strato
        di aria, la trasmittanza del serramento solo vetro doppio, comporta un
        flusso massimo di poco più di 100 W/m^2.

6.28   Si ricorda che la convezione è un fenomeno che include la conduzione
        quando gli strati successivi in cui si trasmette il calore, siano in movimento
        relativo. Il coefficiente sarà perciò influenzato dagli stessi parametri della
        conduzione, quindi dalle caratteristiche del fluido, dall'accumulo di ener-
        gia degli strati e da come e dove il fluido si muove: massa volumica, visco-
        sità, c_p del fluido, conduttività fluido, velocità del fluido, dalle
        caratteristiche superficiali della parete.

6.29

Q = 1066 W	t_{pi} = 18,34 °C	t_{pe} = -1,34 °C	t_{1-2} = 16,43 °C

6.30

s = 50 mm	t_{pi} = 24,48 °C	t_{pe} = 31,52 °C	t_{1-2} = 25,72 °C

6.31   Q = 289,6 W (si confronti con il caso precedente, per valutare l'effetto
        dell'aggiunta di un isolante da 12 cm)

t_{pi} = 17,36 °C	t_{pe} = -1,36 °C	t_{1-2} = 16,67 °C	t_{2-3} = 10,23 °C

6.32   Q = 176 W (anche nel caso di un clima rigido, un corretto isolamento
        contiene le dispersioni):

q = 11,73 W/m^2	t_{pi} = 20,7 °C	t_{1-2} = 20,3 °C	t_{2-3} = 16,38 °C
t_{3-4} = 9,34 °C	t_{4-5} = 8,75 °C	t_{pe} = -14,7 °C	

6.33   Le pareti ventilate o più correttamente chiamate a schermo avanzato, hanno la proprietà di proteggere la parete dagli agenti atmosferici. L'aggiunta dei due strati (aria e schermo) migliorano anche la capacità isolante di queste strutture, ma un risultato analogo lo si potrebbe raggiungere mettendo uno strato di isolante aggiuntivo dello spessore dell'aria più schermo esterno. Nei periodi caldo l'isolamento è leggermente migliore per via dell'effetto camino che muove l'aria nell'intercapedine. Ai fini del calcolo delle trasmittanze, l'aria va trattata come ferma, quindi in regime di conduzione e le strutture di aggrappo nelle correzioni alle trasmittanze dovute ai ponti termici.

Non disponendo di un dato misurato i coefficienti di convezione saranno considerati standard h = 7,7 W/m^{2}K.

Lo spessore totale è 27,1 cm e il valore della trasmittanza risulta U = 0,401 W/m^{2}K, corretta con i ponti termici (+5 %) U = 0,421 W/m^{2}K, valore che non rientra nei limiti prescritti per legge; occorrerà aumentare lo spessore dell'isolante fino a 15 cm.

6.34   Il metodo della temperatura fittizia include l'energia assorbita da una parete di un edificio esposto al sole, all'interno del calcolo della trasmissione per convezione-conduzione, effettuato con la trasmittanza totale U della parete, aumentando la temperatura esterna dell'aria di un valore corrispondente in modo che la potenza scambiata esternamente per convezione si equivalga numericamente a quella in realtà assorbita per irraggiamento. Infatti, il calcolo della temperatura esterna fittizia risulta:

$$t'_e = t_e + \frac{\alpha I}{h}$$ dove I è l'energia incidente per irraggiamento solare.

Nel caso dell'esercizio è necessario stimare l'energia irraggiata nelle due stagioni e i coefficienti di assorbimento per i due materiali. I risultati degli incrementi da sommare alla temperatura esterna, con un h indicativo di 15 W/m^{2}K, sono riportati nella seguente tabella comparativa:

	Estate (I = 900 W/m^2)	Inverno (I = 400 W/m^2)
Intonaco bianco (α = 0,12)	+ 7,2 °C	+ 3,2 °C
Asfalto copertura (α = 0,93)	+ 55,8 °C	+ 24,8 °C

Utilizzando questi valori sommati ad una temperatura esterna estiva di 30 °C, si vede che il ΔT rispetto all'ambiente interno, da utilizzare per il calcolo della potenza trasmessa dalla parete vale rispettivamente 16,2 °C per l'intonaco e 64,8 °C per l'asfalto. In pratica, in estate, avremo una potenza che aumenterà per la componente di irraggiamento quasi del doppio, ma con l'asfalto diverrebbe sette volte tanto.

6.35 $Q = 9,22$ kW e $V = 317$ l

6.36 $Q = 129,8$ W e la variazione = - 0,15 %

6.37 $P = 32,22$ W/m

6.38   Ipotizzare una t per ognuno e verificare il bilancio, fino a quando la tem-
         peratura risultante non coincida con quella ipotizzata, con precisione < 0,5
         °C.
         $t_b = 36,8$ °C   e $t_n = 50,3$ °C

6.39   Potenza consumata = 360 W

6.40   Per trovare il valore della temperatura dobbiamo supporre un valore per
         la temperatura delle altre pareti e un valore plausibile può essere 19 °C;
         inoltre supporremo che tutta la potenza ceduta dal pavimento venga as-
         sorbita dalle pareti. In tal caso utilizziamo la formula di calcolo della po-
         tenza per irraggiamento, esplicitata rispetto alla temperatura oppure
         rispetto alla potenza variando la temperatura fino a quando si raggiunge il
         valore desiderato:

$$P_{irr} = \varepsilon \cdot \sigma \cdot A \cdot (T_{pav}^4 - T_{par}^4).$$

         In questo caso, la temperatura dovrà essere superiore a 29 °C, conside-
         rando che non tutta la potenza presente nell'acqua raggiunga la superficie
         del pavimento.

6.41   La soluzione di questo esercizio si può portare avanti attraverso diverse
         modalità, anche con l'aiuto di codici di calcolo. I risultati ottenibili non do-
         vrebbero però scostarsi di molto, indicativamente massimo 20 %, anche a
         seconda che si considerino componenti più complesse o più dettagliata-
         mente, come calori latenti, ponti termici, componenti radiative ecc. Certi
         metodi sono assai più semplici e più rapidi, perché alcuni codici di calcolo
         prevedono interfacce di compilazione dati molto semplificate. I procedi-
         menti conseguenti e i risultati ottenuti sono, in genere, meno precisi e
         perdono alcuni dettagli se confrontati con la realtà costruttiva, inoltre nel
         testo di questo esercizio, viene indicato di seguire un metodo a norma. Le

procedure conseguenti saranno più complesse, ma presenteranno due vantaggi: una maggiore trasferibilità dei risultati, dato che chi legge saprà quale metodo sia stato implementato e la possibilità di usare i risultati per applicazioni che prevedano l'uso delle norme e la redazione di documenti progettuali validi. Seguiremo quindi questa impostazione, ricordando però che le norme di riferimento cambiano e i risultati di questa soluzione potrebbero nel tempo diventare meno fruibili. L'impostazione e i calcoli rimarranno comunque validi.

elemento orientato	area	U	coeff. esp. solare	Q [W]
parete opaca N	70,21	0,293	1,2	493,72
parete opaca S	63,71	0,293	1	373,34
parete opaca E	62	0,293	1,15	417,82
parete opaca O	62,3	0,293	1,1	401,59
calore disperso pareti opache verticali				1686
finestre N	3,5	3,05	1,2	256,20
finestre S	10	3,05	1	610,00
finestre E	6	3,05	1,15	420,90
finestre O	4	3,05	1,1	268,40
porta O	1,7	1,66	1,1	62,08
calore disperso serramenti				1617,58
pavimento	161,73	0,278		899,22
copertura	161,73	0,296		957,44
calore disperso pareti opache orizzontali				1857
calore disperso eterogeneità e ponti termici				1032,14
dispersioni calore involucro				6193
calore disperso per ventilazione				2123,54
dispersioni calore totale				8316

La prima cosa da fare è raccogliere i dati climatici del sito costruttivo:

- Località: Roma
- Zona climatica: D
- GG Gradi Giorno: 1415 gg (*D.P.R. 26 agosto 1993, n. 412 Allegato A - Tabella dei gradi/giorno dei comuni italiani raggruppati per regione e provincia*)
- Periodo riscaldamento 1 novembre - 15 aprile

La temperatura interna di progetto utilizzata, per il riscaldamento invernale, è 20 °C. Nei calcoli che seguono sono state usate le superfici lorde, mentre sarebbe più corretto valutare in quali casi usare quelle nette. Il rapporto S/V vale 0,76, valore che insieme ai gradi giorno consente per interpolazione lineare il calcolo di alcuni valori limite da rispettare.

Passiamo al calcolo delle dispersioni di calore dall'involucro.
Le dispersioni sono tutte calcolate moltiplicando i valori delle trasmittanze per le superfici, i coefficienti di esposizione solare e i delta di temperatura, considerando una temperatura esterna di 0 °C.
Le dispersioni per eterogeneità e ponti termici, secondo norme andrebbero calcolate moltiplicando la trasmittanza lineare del ponte termico per la sua lunghezza e la differenza di temperatura. Sono dovute agli innesti tra le strutture, tra pilastri o travi con le pareti, tra parete e parete, tra pareti con i pavimenti e le coperture, dove i giunti tra elementi costituiscono delle discontinuità negli isolamenti previsti. Normalmente valgono tra il 5 e il 20 % delle dispersioni dell'involucro, a seconda di come sono state prevenute in progettazione, ma soprattutto in realizzazione del manufatto.

Per le dispersioni da ventilazione, non avendo altre indicazioni, si assumo-no un ricambio ogni due ore e la stessa differenza di temperatura usata per le trasmissioni: $Q_v = 0.34 * V * n_h * 20$
La tabella riassume i valori numerici calcolati.
Come si può osservare dalla tabella riassuntiva i contributi dei tre gruppi di elementi sono praticamente uguali, ma non lo sono le loro superfici; sa-

	Qh inv	Qh vent	Q sol	Q interni	Q tot inv	Q inv prim	Qh ACS	Qh ACS prim
calc manuale	10515	3606	-	-	14121	-	-	-
calc codice	10064	2180	2242	1792	8210	10702	2860	3832

rebbe opportuno riflettere sulla possibilità di ridurre le trasmittanze dei vetri, che

	Epi risc	Epi	Epi lim	Epgl	Epgl lim
calc manuale	66	-	54	-	54
calc codice	40	51,6	54	70	54

trasmettono molto calore e per giunta non sono nei parametri di norma (U_{max} = 1,9-2,4 W/m^{2}K).
Per la verifica del coefficiente di dispersione volumica si devono prima ot-tenere di coefficienti minimi (0.42) e massimi (0.95) per il sito, interpolan-do linearmente i valori minimi e massimi disponibili nelle tabelle, espressi per i GG minimi (1401) e massimi (2100) della zona climatica (D in questo caso) e per i rapporti S/V compresi tra 0,2 e 0,9. I valori indicati nelle pa-rentesi, coincidono a meno del terzo decimale con quelli minimo e massi-mo riferiti al valore minimo di 1401 GG, dato che per Roma (1415 GG) il valore dei gradi giorno è molto vicino a questo minimo.
Il coefficiente di dispersione volumica limite si calcola, per indicazione di norma, con la seguente formula:
$c_{d\,lim} = c_{d\,min} + [(S/V-0.2)*(c_{d\,max} - c_{d\,min})]/(0.9-0.2) = 0.85$ W/m^{2}K
mentre il coefficiente di dispersione per questo progetto vale:
$c_{d\,prog} = Q_{invol} / [V*(t_e-t_i)] = 0.50$ W/m^{2}K
il valore è quindi verificato a norma, essendo inferiore a quello limite.

6.42   I risultati ottenibili in questa versione di soluzione supportata dal codice di calcolo, si discostano, per diverse ragioni da quelli ottenuti precedente-mente. Per aspetti meno rilevanti, dovuti al fatto che le geometrie e i po-sizionamenti delle superfici trasparenti sono più accurati e i valori netti saranno a meno degli spessori delle pareti e delle superfici orizzontali. In questa nuova versione dei calcoli, ci saranno i guadagni solari e interni,

che andranno a sottrarsi ai fabbisogni termici in riscal-damento, un valore dei ricambi aria inferiore. A questi valori quindi inferiori ai precedenti, si aggiungeranno viceversa i fabbisogni per l'ACS, i rendimenti degli impianti, generazione, distribuzione ed emissione, oltre al fatto che la facilità dei calcoli con un supporto soft-ware[1], consente di passare dai fabbisogni dell'edificio, ai consumi energetici in energia primaria. Si segnala

---

[1] In questa soluzione è stato adottato il codice di calcolo Termolog EpiX 4 di Logical Soft.

che in alcune regioni, il calcolo va fatto obbligatoriamente, sull'energia primaria. Per comodità di lettura e di confronto, anche in questa soluzione, i risultati[2] sono riassunti in tabelle.

I valori dei fabbisogni sono espressi in kWh, mentre gli indici di prestazione sono in kWh/m^2a, più in chiaro (in rosso se avete versione a colori) quelli che non rispettano i limiti di legge: il fatto che l'indice di prestazione globale non rispetti questo limite, è dovuto alla scelta nella configurazione 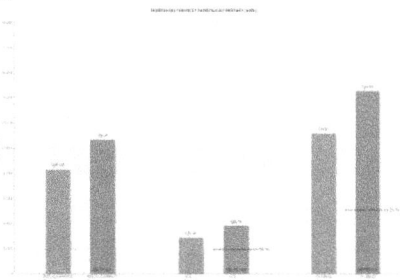 dell'edificio per il codice di calcolo, di un generatore a metano e l'assenza completa, in riscaldamento e ACS, di dispositivi a fonti rinnovabili. Anche i valori delle superfici, come già accennato sono leggermente diversi tra i due metodi.

6.43   Nei grafici e nella tabelle seguenti sono riassunti i risultati[3]:

Fabbisogno annuo energia termica
Climatizzazione invernale ETH: 44,08 kWh/m²anno
Acqua calda sanitaria ETW : 22,29 kWh/m²anno
Climatizzazione estiva ETC: 53,61 kWh/m²anno

Gradi giorno: 2404
Categoria dell'edificio:
E.1(1). - residenza e assimilabili: abitazioni adibite a residenza con carattere continuativo
Superficie utile: 52,8 m²
Superficie disperdente: 85,5 m²
Volume lordo riscaldato: 218,3 m³
Rapporto S/V: 0,39

Fabbisogno di energia primaria
Climatizzazione invernale EPH: 61,66 kWh/m²anno
Acqua calda sanitaria EPW: 37,12 kWh/m²anno
Totale per usi termici EPT: 98,78 kWh/m²anno

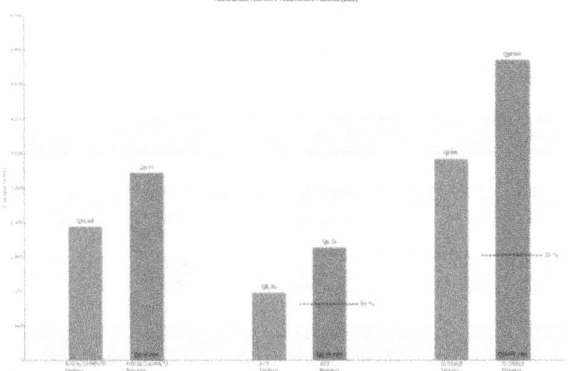

---

[2] Per poter fare confronti, le potenze calcolate nell'esercizio precedente, si è passati alle energie complessive annuali, sostituendo in queste le differenze di temperatura con i gradi giorno e, trattandosi di residenziale, ipotizzando il riscaldamento sia presente per tutte le 24 ore.

[3] In questa soluzione è stato adottato il codice di calcolo Termolog EpiX 4 di Logical Soft.

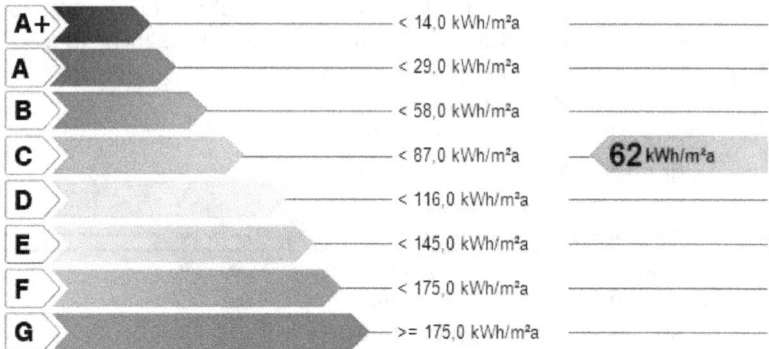

I valori non sono verificati rispetto all'EPH$_{LIM}$ che in questo caso è 54,5 kWh/m^{2}a, ma considerando che la casa è stata costruita alla fine degli anni '60 è un valore decisamente buono.

6.44   Questa soluzione[4] richiede di formulare alcune ipotesi per poter eseguire i calcoli e i vostri risultati potrebbero discostarsi da quelli indicati in questo svolgimento.

Non è necessario forzare i vostri risultati per farli aderire a quelli proposti qui; cercate di portare avanti i confronti alla luce delle differenze su singoli valori (ad esempio, se la trasmittanza della porta finestra a voi risulta il 20 % maggiore, conseguentemente la potenza dispersa da quell'elemento dovrebbe risultarvi più grande della stessa proporzione, se avrete utilizzato un numero di ricambi aria che sia la metà di quello prospettato qui, le portate volumiche di aria e le conseguenti componenti energetiche vi risulteranno dimezzate).

Dati Climatici		Dati porzione edificio analizzato
Comune di Induno Olona (VA)	Riscaldamento 183 gg da 15 ottobre a 15 aprile	Superficie disperdente complessiva 1046 m^2
Altitudine 394 m s.l.m.	Gradi giorno 2669	Superficie utile 478,5 m^2
T esterna progetto − 5.1 °C	Prestazione limite E$_{PH\ lim}$ = 68,23 kWh/ m^2 a	Volume lordo riscaldato 2138 m^3
T massima esterna 28,9 °C		Volume netto riscaldato 1676 m^3
		Rapporto S/V = 0.49 m^{-1}

Valori trasmittanze stato attuale:

---

[4] In questa soluzione è stato adottato il codice di calcolo Termolog EpiX 4 di Logical Soft.

Elemento	Caratteristiche	Trasmittanza [W/mK]
Pareti perimetrali	48 cm mattoni pieni e 1 cm intonaco da entrambi i lati	1,137
Pavimento verso cantina	1 cm piastrelle, 22 cm di vari calcestruzzi, 1 cm di intonaco	0,995
Copertura senza manutenzione	2,2 cm di abete, aria e cartone catramato 2 mm	0,781
(F) Finestra 140 cm per 230 cm	Vetro singolo 5 mm, telaio legno	6,1
(PF) Portafinestra 180 cm per 330 cm	Vetro singolo 5 mm, telaio legno	6,3

Valori dispersioni, guadagni e fabbisogno stato attuale:

Scambi termici stato attuale	Disp per trasmissione	Disp per ventilazione	Disp totale	Apporti solari	Apporti interni	Fabbisogno riscaldamento
Zona	QH,tr [MJ]	QH,ve [MJ]	QH,ht [MJ]	Qsol [MJ]	Qi [MJ]	QH,nd [MJ]
Zona residenza	153345,96	32595,41	185941,37	45003,73	8242,56	132695,08
Zona pubblico	290525,41	434487,39	725012,8	79918,44	35222,47	609871,89
Totale	443871,37	467082,8	910954,17	124922,17	43465,03	742566,97

Il fabbisogno specifico per riscaldamento risulta ETH $_{risc}$ = 431,1 kWh/ m^2 anno e, comprensivo dei rendimenti impianti, il fabbisogno di energia primaria EPH $_{risc}$ = 694 kWh/ m^2 a, classe G e circa 10 volte tanto il valore limite: non possiamo certo dire che questo involucro sia isolato! Nonostante questa tipologia di edifici sia soggetta a deroga, in quanto vincolata al patrimonio dei beni culturali, è comunque possibile proporre un intervento in linea con l'approccio restaurativo, allo scopo di migliorare i valori dello stato attuale, non certo sperando di rientrare nei valori normativi. Gli interventi che si consiglia di proporre per questo tipo di edifici dovrebbero lasciare inalterate le condizioni estetiche e geometriche o, in subordine, alterarle, ma essendo rimovibili per consentire il ripristino delle condizioni originali.

Gli interventi che ragionevolmente si possono proporre alla Sovrintendenza sono:

- rifacimento della copertura, smontando l'esistente, apponendo un isolamento e riportando anche uno strato di tegole a chiusura. Questa soluzione porterà miglioramenti sulla componente trasmissione attraverso la copertura;

- restauro dei serramenti, con ricostituzione dei telai, aumento dello spessore vetri, sigillatura con gel e istallazione pellicola basso emissiva e per i quali si prevede l'oscuramento notturno con tende. Questa soluzione porterà miglioramenti sulla componente trasmissione, emissione attraverso i serramenti e diminuzione di quella ventilativa;

- restauro intonaco esterno, stesso colore esterno ed eventuali decorazioni, aumento però dello spessore e uso di intonaco termoisolante. Questa soluzione porterà miglioramenti sulla componente trasmissione da involucro pareti verticali opache;

- isolamento interno pareti con isolante sughero, rimovibile e isolante riflettente dietro ai radiatori. Questa soluzione porterà miglioramenti sulla componente trasmissione da involucro pareti verticali opache e attenuazione ponti termici;

- isolamento pavimento piano terra con tappeto isolante rimovibile e solo negli ambienti in cui la pavimentazione è fortemente compromessa. Questa soluzione porterà miglioramenti sulla componente trasmissione da involucro parete orizzontale verso cantina e attenuazione ponti termici;

- sostituzione attuale generatore, con una caldaia a condensazione e un regolatore a sonda esterna. Questa soluzione porterà miglioramenti anche sulla componente rendimento da impianto, riscontrabile nel passaggio da fabbisogno per riscaldamento dell'edificio a fabbisogno energia primaria.

Nella tabella che segue si riportano i dati numerici dei valori modificati e il risultato in termini di trasmittanze e ventilazione:

Elemento	Nuove caratteristiche	Trasmittanza [W/mK]	Note
Pareti perimetrali isolate	Aggiunta 10 cm sughero isolante e intonaco esterno portato a 2 cm	0.318	Valore verificato per legge
Pavimento verso cantina isolato	Aggiunta 1 cm isolante gomma	0,94	
Copertura con tegole e isolante	Aggiunta 3 cm tegole e isolante EPS 8 cm	0,278	Valore verificato per legge
(F) Finestra 140 cm per 230 cm	Vetro singolo BE 20 mm	4,55	
(PF) Portafinestra 180 cm per 330 cm	Vetro singolo basso emissivo 20 mm	4,72	
Telai finestre e portefinestre	Restauro telaio e tenute con silice gel	Ventilazione per infiltrazione da 7 a 4 ricambi/h	

I risultati degli scambi termici, sebbene non consentano di rientrare nei limiti normativi senza deroghe, sono comunque sostanzialmente più favorevoli:

Valore % scambi termici rispetto stato attuale	Disp per trasmissione	Disp per ventilazione	Disp totale	Apporti solari	Apporti interni	Fabbisogno riscaldamento
Zona	QH,tr [MJ]	QH,ve [MJ]	QH,ht [MJ]	Qsol [MJ]	Qi [MJ]	QH,nd [MJ]
Zona residenza	48%	80%	54%	91%	100%	38%
Zona pubblico	66%	80%	74%	95%	100%	70%
Totale	60%	80%	70%	94%	100%	64%

Solo la diminuzione degli apporti solari rappresenta un effetto negativo; gli apporti interni giustamente non sono variati:

Scambi termici post interventi	Disp per trasmissione	Disp per ventilazione	Disp totale	Apporti solari	Apporti interni	Fabbisogno riscaldamento
Zona	QH,tr [MJ]	QH,ve [MJ]	QH,ht [MJ]	Qsol [MJ]	Qi [MJ]	QH,nd [MJ]
Zona residenza	74056,27	26076,328	100132,598	40889,8	8242,56	51000,238
Zona pubblico	191504,17	347589,912	539094,082	76268,7	35222,47	427602,912
Totale	265560,44	373666,24	639226,68	117158,5	43465,03	478603,15

Il nuovo fabbisogno specifico per riscaldamento risulta ETH_{risc} = 277 kWh/ m^2 anno e, comprensivo dei rendimenti impianti, il fabbisogno di energia primaria EPH_{risc} = 379 kWh/ m^2 a, ancora classe G, circa 5,5 volte tanto il valore limite: non possiamo ancora dire che questo involucro sia isolato, ma certo gli interventi hanno portato consistenti miglioramenti nei fabbisogni, seppur pensati poco invasivi, escludendo forse la gomma sul pavimento.

6.45   Questa situazione può essere tipica per ambienti che non hanno le pareti coibentate e gli utenti percepiscono situazioni di discomfort in un ambiente di un edificio e non in un altro, anche se la temperatura dell'aria è simile o addirittura più alta. Se una delle pareti confina con l'esterno, l'effetto dell'irraggiamento diventa importante al punto che la persona, specie se a riposo, sente freddo anche se la temperatura bulbo secco dell'aria indica un valore che farebbe pensare ad un contributo di riscaldamento corretto. In tabella è riportato il calore ceduto dai corpi è la somma di

ambiente a sinistra	ambiente a destra
Q_{irr} = 11 W/m^2	Q_{irr} = 45 W/m^2
Q_{conv} = 30 W/m^2	Q_{conv} = 15 W/m^2
Q_{tot} = 41 W/m^2	Q_{tot} = 60 W/m^2
T_{aria} inferiore ma percezione di più caldo	T_{aria} = superiore ma percezione di più freddo

quello ceduto (in entrambi i casi la temperatura corporea superficiale è maggiore delle altre) per convenzione e per irraggiamento, approssimato agli interi. La persona nell'ambiente a sinistra cedendo più calore, avrà la sensazione di avere più freddo; se ci si riferisse ad un termometro aria nelle stanze, sarebbe sensato pensare, erroneamente, l'opposto; per ovviare a questo problema è possibile utilizzare la temperatura operativa, mix tra quella bulbo seco dell'aria e la temperatura media raggiante.

Soluzioni capitolo: Processi e impianti per il benessere ambientale

7.1   Come mostrato in esercizi dei capitoli precedenti, la massa dell'aria esterna, considerando che il processo si svolga a pressione ambiente, la calcoliamo con l'equazione di stato dei gas perfetti $m = \dfrac{p \cdot V}{R^* T} = \dfrac{101325 \cdot 84}{287 \cdot 273} = 108,64 kg$. Il calore necessario, ancora a pressione costante lo calcoliamo come $Q = m c_p \Delta T = 2183,5 kJ$ avendo usato per l'aria il c_p = 1005 J/kgK. Il tempo si ottiene dividendo l'energia necessaria per la potenza disponibile; risulta 1092 s

7.2

tempo = 43,67 min	P = 8 kW	costo = 269 €

7.3   I parametri più importanti sono: la differenza di temperatura tra corpo e aria, la temperatura media irraggiante, l'umidità relativa e la ventilazione. Il corpo tende a variare, attraverso l'ipotalamo, la circolazione del sangue per stabilire condizioni migliori per il metabolismo.
La prima si può misurare come la differenza di temperatura tra quella misurata nell'aria dal termometro a bulbo secco e quella superficiale stimata sul nostro corpo all'esterno dei vestiti. Per stimarla occorre definire una temperatura del corpo, a riposo o in attività fisica e modificarla attraverso il fattore di vestiario che va da 0,5 per il corpo nudo fino a 1,5 per vestiti invernali. Questo ΔT ci suggerisce quanto calore il nostro corpo scambi per convezione con l'ambiente. Il valore sarà influenzato anche dal moto dell'aria, in presenza o meno di correnti o ventilatori.
La temperatura media di radiazione, tiene conto degli scambi termici del corpo per irraggiamento. Questi sono particolarmente importanti se le pareti dei locali sono fredde oppure se ci sono grandi finestrature o, ancora, se si è in presenza di sistemi irraggianti, come i radiatori, pannelli, stufe o camini.

L'UR ci dice quanto calore il nostro corpo sarà in grado di cedere per evaporazione (sudorazione) e traspirazione (principalmente con la respirazione). La quantità di calore che si può cedere dipende dalla quantità di vapore che l'aria è in grado di contenere e quindi dalla situazione relativa al valore massimo, quello di saturazione.
La ventilazione influenza come accennato precedentemente il coefficiente

di convezione, ma anche l'UR dell'aria in prossimità della pelle, oltre che dare sensazione di disagio se la velocità della corrente d'aria supera determinati livelli.

Per avere idea se la composizione di questi 4 parametri induce una sensazione di comfort o meno è possibile combinarli attraverso carte di benessere ambientale come quella di Olgyay o rifarsi a indagini statistiche sui PMV e PPD, come previsto dalle norme UNI EN ISO 7730 e altre.

7.4   Anche in questo caso la potenza termica da asportare può essere calcolato dalla differenza di entalpia dei differenti stati:

$$\dot{Q} = \dot{m} \cdot \Delta h$$

È necessario, per lo stato finale umido che è bifase, calcolare l'entalpia specifica finale come somma della componente liquido e quella vapore. Dalle tabelle estraiamo i valori corrispondenti ad una temperatura di 120 °C:

$$h_l = 503,71 \ ^{kJ}/_{kg}$$

$$h_{lv} = 2202,6 \ ^{kJ}/_{kg}$$

$$h_v = 2706,3 \ ^{kJ}/_{kg} = h_i$$

$$h_f = 503,71 + 0,5 \cdot 2202,6 = 1605,51 \ ^{kJ}/_{kg}$$

$$\dot{Q} = 6 * (1605,5 - 2706,3) \frac{kg}{s} \frac{kJ}{kg} = -6608 \ kW$$

7.5   Questo tipo di processo è un processo che possiamo considerare isobaro, di raffreddamento con deumidificazione. Rappresentati nel diagramma di Mollier si possono leggere direttamente i valori dell'entalpia e del titolo passando dai valori di t (asse verticale a sinistra) e UR (curve ϕ numerate da 0,1 fino a 1 in alto e a destra), passando da una condizione 1 di partenza per arrivare alla condizione 2 desiderata.

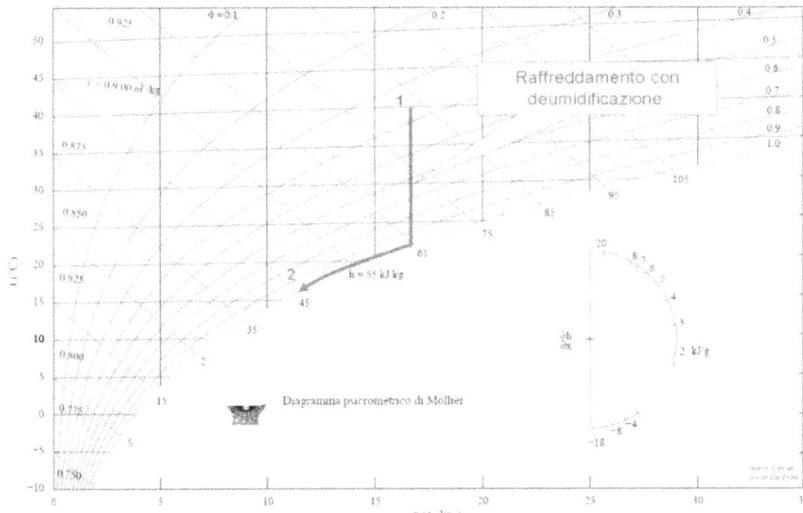

Alcuni software disponibili sono in grado di eseguire i calcoli date le condizioni di partenza e finali. Indipendentemente dallo strumento usato, si tengano presente i bilanci:

- di massa, l'aria secca totale non varia mentre la massa di vapore diminuisce parimenti al liquido che si forma nella condensazione:

  aria secca $m_{as1} = m_{as2}$

  acqua e vapore $m_{liq} = m_{as} (x_2 - x_1)$ il risultato sono i grammi di acqua all'uscita del condizionatore

- di energia, la differenza tra le energie possedute da aria vapore e acqua iniziali e finali devono essere = all'energia sottratta dal condizionatore (Q):

  aria umida $m_{as} * h_1 - m_{as} * h_2 - m_{as} * h_{liq} = Q$

L'entalpia dell'acqua può essere calcolata ad una delle due temperature t_1 o t_2 il valore cambia poco e questo contributo potrebbe anche essere trascurato.

L'aria in uscita è satura, ma immessa nell'ambiente si miscelerà con l'aria umida presente e la miscela dovrebbe raggiungere un valore di UR di benessere.

7.6   Questo tipo di processo è di raffreddamento e deumidificazione; lo otteniamo forzando una parte dell'aria esterna a passare sulla batteria di raffreddamento di un condizionatore. Questa batteria si troverà ad una temperatura inferiore alla temperatura di rugiada della miscela (che vicina alla saturazione vale circa 12 °C). Questa temperatura bassa la si ottiene attraverso un ciclo frigorifero. Per calcolare i valori si consiglia di operare come nell'esercizio precedente, dove al posto della massa abbiamo la portata in massa e al posto dell'energia necessaria da sottrarre avremo la potenza. La potenza risultante è = - 2,1 kW.

Una volta calcolata la potenza ricordiamo che questa rappresenta la potenza Q_C delle macchine frigorifere, per cui il consumo elettrico (L) dipenderà dall'efficienza della macchina. L'efficienza massima di una macchina in classe B è, ad esempio, $\varepsilon = 3,2$, perciò $L = \dfrac{\dot{Q}_C}{\varepsilon} = 656W$

7.7   Quando l'acqua viene nebulizzata nell'aria calda, evapora.
L'evaporazione assorbe il calore latente di evaporazione. Se l'acqua viene nebulizzata alla stessa temperatura dell'aria il processo è isoentalpico, come mostrato nel diagramma di Mollier successivo.

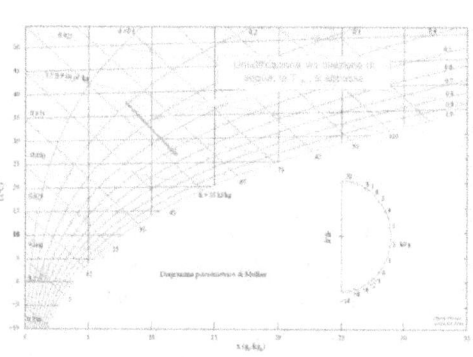

7.8   Questo tipo di processo, che possiamo considerare isobaro, è un processo di riscaldamento senza umidificazione (riscaldamento sensibile). È il caso tipico di un sistema di riscaldamento domestico a pannelli, radiatori o con pompa di calore, nel quale non vi sia associata immissione di vapore. Il titolo dell'aria rimane costante, mentre l'umidità relativa diminuisce; l'opposto succede nel raffreddamento senza deumidificazione.

Dal diagramma di Mollier si vede che l'UR passa da poco più del 50 % a poco meno del 30 % e l'entalpia specifica passa da 47 kJ/kg a 58 kJ/kg. La potenza di riscaldamento sarà $\dot{Q} = \Delta h \cdot \dot{m} = 22\,kW$. Poiché L'efficienza di una buona macchina in classe A è, ad esempio COP = 4 avremo un consumo elettrico della PdC $L = \dfrac{\dot{Q}_H}{COP} = 5,5\,kW$

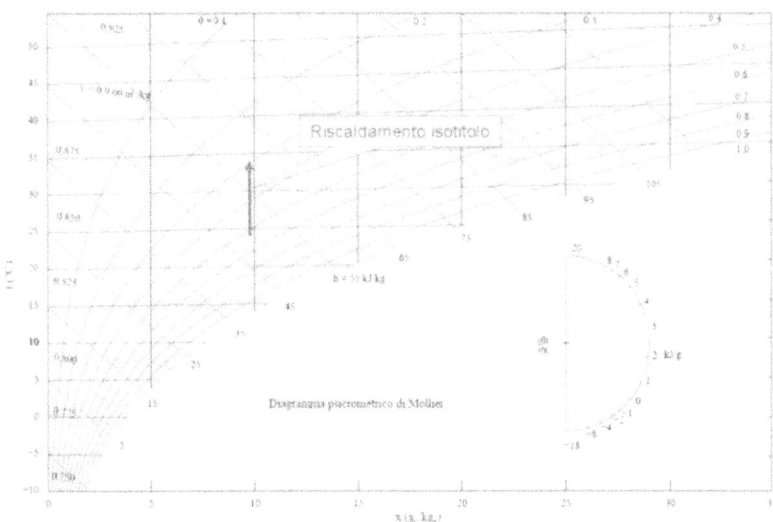

7.9   Anche se una procedura semplificata di calcolo può sembrare uno sforzo aggiuntivo dato che in sede di stesura del progetto definitivo sarà necessario rifare buona parte dei calcoli, verosimilmente con l'aiuto di un software apposito, in realtà svolge un ruolo molto importante nell'iter progettuale, soprattutto per quanto compete al contributo che gli architetti possono offrire alla qualità del risultato finale. Nonostante i calcoli per la realizzazione del sistema di raffrescamento verranno affidati ad un ingegnere impiantista o ai fornitori che realizzeranno l'impianto, è bene che l'architetto che ha concepito, sviluppato il progetto sia in grado di supervisionare le attività dei collaboratori e faccia sì che l'intervento impiantistico sia limitato a compensare la componente di climatizzazione non raggiungibile con interventi passivi. Se il progettista delle architetture esegue in prima persona la procedura per valutare questo fabbisogno per il raffrescamento avrà in mano uno strumento quantitativo, ma anche qualitativo per eventuali modifica da apportare al progetto in sede preliminare. Ora descriviamo i passi principali per ottenere questa valutazione preliminare[5]:

• definire gli ambienti, cioè delimitare l'ambiente interno, quali parti dell'edificio devono essere raffrescate e se queste zone debbano avere condizioni climatiche differenti

   ➤ le zone verranno delimitate dalle pareti che le separano da ambienti a differente temperatura, quindi l'ambiente esterno e il terreno o zone

---

[5] Per approfondimenti, si consiglia di fare riferimento al testo del Prof. Mario Grosso, "Il raffrescamento passivo degli edifici", Maggioli Editore.

climatiche dell'edificio per le quali si desidera ottenere una temperatura dell'aria differente. Saranno invece parte della stessa zona tutti gli ambienti confinanti, per i quali non sia prevista una differenza della temperatura massima accettabile (possibilmente media ponderata rispetto alle superfici o ai volumi) superiore a 4 °C, che siano controllate attraverso unica impostazione e parte degli impianti, beneficino di portate di ventilazione simili e siano destinate a profili funzionali omogenei.

- il calore sensibile da sottrarre sarà: $Q_s = Q_g + \eta \cdot Q_l$

    ➤ dove Qg è la somma degli apporti (gain) interni gratuiti (le persone, le macchine, ecc) e degli apporti solari (dipenderanno dall'entità, dall'orientamento, dall'ombreggiamento e isolamento delle superfici opache e trasparenti); Q_l sono gli scambi (loss) attraverso le pareti e le finestrature, verso le zone a differente T, compreso eventualmente il terreno e quelli dovuti agli scambi di masse d'aria per ventilazione, meccanica o naturale che sia (sia per le pareti che per gli scambi ventilativi, entrambi da introdurre con segno negativo se si tratta di perdite); η è un fattore da introdurre per la presenza di questi scambi nel tempo, quindi è una caratteristica dinamica; se non si ha modo di valutarla porla = 1, altrimenti stimarla[6] come rapporto tra il bilancio degli scambi, rispetto all'inerzia termica dell'edificio.

7.10   Le dimensioni degli scambiatori sono dati forniti nelle schede tecniche dei prodotti e i valori indicati si spera siano supportati da dati sperimentali. Questo esercizio è pensato per consentire agli studenti di farsi un'idea, anche se a livello teorico, della differenza di risultato che si ottiene usando due differenti fluidi vettore.

Per eseguire i calcoli, facciamo un'ipotesi semplificativa, cioè che la temperatura esterna del tubo sia uguale a quella del fluido. Inoltre dobbiamo procurarci o calcolare, usando la procedura di calcolo attraverso il numero di Nusselt come indicato in un esercizio precedente, i valori dei coefficienti di convezione. Valori indicativi sono:

- h_{aria} = 100 W/m^{2}K (a 20 m/s)
- h_{acqua} = 10000 W/m^{2}K (a 2 m/s)

A questo punto si utilizza la formula che lega le temperature, le portate in masse e le tipologie dei fluidi, con la lunghezza dei condotti che percorrono:

---

[6] Sono di facile reperibilità tabelle e grafici per una stima semplificata. Si consiglia di fare riferimento al testo del Prof. M. Grosso, citato nella nota precedente.

$$l = \frac{\dot{m} \cdot c_p}{h \cdot \pi \cdot d} \cdot \ln \frac{t_p - t_i}{t_p - t_u}$$

$$acqua: \frac{2 \cdot 4186}{10000 \cdot 3,14 \cdot 0,01} \cdot \ln \frac{25 - 10}{25 - 20} = 29,3 \text{ m}$$

$$aria: \frac{2 \cdot 1005}{100 \cdot 3,14 \cdot 0,01} \cdot \ln \frac{25 - 10}{25 - 20} = 703 \text{ m}$$

Come si può intuire la larghezza o il numero di spire dello scambiatore ad aria sarebbero eccessive in un ambiente residenziale. Se si vuole utilizzare l'aria, meglio raffreddarla in centrale sull'evaporatore della macchina frigorifera e poi inviarla negli ambienti. Se si deve utilizzare un fluido vettore, meglio l'acqua inviata alle spire di un tubo scambiatore contenuto in un erogatore tipo fancoil. Una valutazione preliminare simile, fa capire perché il fluido vettore utilizzato anche nei pannelli radianti per riscaldamento sia l'acqua e non l'aria, anche se quest'ultima sarebbe preferibile in termini di manutenzione dei circuiti.

7.11   Lo stato di benessere del corpo umano è identificabile attraverso un'equazione di bilancio delle energie entranti e uscenti dal corpo. Questa relazione di bilancio, nota come "equazione del benessere di Fanger" considera i principali apporti e dispersioni del corpo umano: $M \pm L \pm Q_v \pm Q_r \pm Q_h = \Delta U_B$, dove:
M rappresenta l'energia prodotta (internamente) e regolata dal nostro metabolismo
L è il lavoro meccanico compiuto o ricevuto dalla persona (in genere compiuto);
Q_v= calore ceduto o ricevuto per fenomeni evaporativi o condensativi (in genere ceduto per evaporazione)
Q_r= calore ceduto o ricevuto per fenomeni radiativi
Q_h= calore ceduto o ricevuto per fenomeni convettivi
ΔU_B = variazione dell'energia interna del corpo

Il corpo umano tende a regolare M per raggiungere delle condizioni stazionarie, dove ΔU_B = 0. Spostando a sinistra dell'uguale i termini relativi agli scambi di calore si evidenzia che la condizione di equilibrio si raggiunge quando il corpo scambia, per effetto evaporativo (quindi sudorazione, respirazione e traspirazione), una quantità di energia pari a quella prodotta internamente in calore o lavoro (quindi legata ai movimenti interni ed esterni delle parti del corpo per degli sforzi fisici). Per questa ragione, la valutazione del benessere ambientale deriva principalmente dall'attività di una persona (a riposo, attività fisica ecc), dall'umidità relativa (da cui dipenderà Q_v), dalla temperatura e velocità dell'aria e dalla copertura dei vestiti (da cui dipenderà Q_h, i vestiti stabiliscono la temperatura superficiale del corpo, la velocità dell'aria il coefficiente di scambio convettivo) e dalla temp. media radiante (dalla quale dipende Q_r).

7.12   Dal punto di vista dell'equazione di flusso, possiamo immaginare che uno dei flussi sia l'aria umida al 40%, l'altro l'acqua per saturarlo.

La massa di aria secca rimane, però la stessa quindi

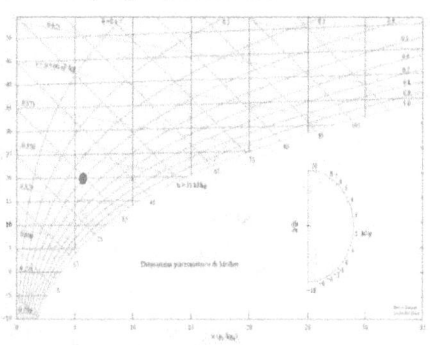

$$\dot{V}_{as} = \frac{5000 \, ^{m^3}/_s}{3600 \, ^s/_h} = 1{,}39 \, ^{m^3}/_s$$

$$\dot{m}_{as} = \frac{\dot{V}_{as}}{\rho_{aria\,20°C}} = \frac{1{,}39 \, ^{m^3}/_s}{1{,}19 \, ^{kg}/_{m^3}} = 1{,}16 \, ^{kg}/_s$$

La massa complessiva in uscita sarà la somma di quella dell'aria umida in ingresso, più quella dell'acqua vaporizzata. È possibile scrivere due equazioni per questo flusso, quella della conservazione della massa e quella dell'energia, utilizzando l'entalpia:

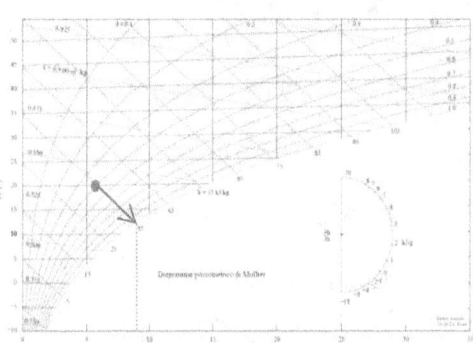

$$x_i \dot{m}_{as} + \dot{m}_{acqua} = x_u \dot{m}_{as}$$

$$h_{ai} \dot{m}_{as} + h_{acqua} \dot{m}_{acqua} = h_{au} \dot{m}_{as}$$

Sostituendo dalla prima alla seconda: $h_{ai} = \dfrac{h_u - h_{acqua}}{x_i - x_u}$

Nelle tabelle dell'aria e dell'acqua si trovano i valori delle entalpie specifiche $h_{acqua\,0°C} = 0 \, ^{kJ}/_{kg}$ quella dell'aria umida è visibile anche nel diagramma di Mollier: $h_{a\,20°C\,40\%} = 34{,}5 \, ^{kJ}/_{kg}$ come anche $x_i = 5{,}9 \, ^{gr}/_{kg_{as}}$ Dalla condizione dell'aria in ingresso indicata dal punto rosso nel primo diagramma, ci spostiamo verso la condizione di uscita dell'aria satura (U.R. 100%) si ottiene il valore del titolo: $x_u = 8{,}9 \, ^{gr}/_{kg_{as}}$ e della seconda equazione di equilibrio: $\dot{m}_{acqua} = (x_u - x_i)\dot{m}_{as} = 3{,}48 \, ^{gr}/_s$

Il vaporizzatore (sezione di umidificazione, n 10 bordata nella figura rappresentante una UTA) dovrà essere allacciato ad una pompa in grado di fornire quasi 13 kg di acqua fredda ogni ora.

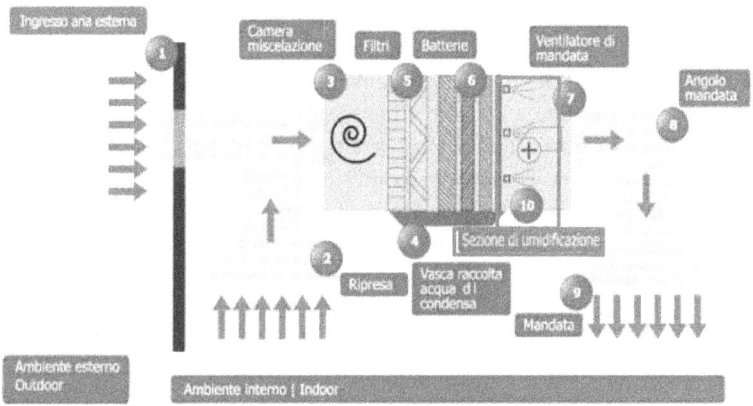

7.13 Il calcolo può essere più rapidamente effettuato tramite l'uso di un diagramma dell'aria umida; in tal caso si consigliano gli allievi di usarne uno le cui dimensioni consentano di estrarre i dati in modo sufficientemente preciso. In alternativa si possono usare le tabelle oppure sw o fogli di calcolo disponibili. Il valore della quantità di vapore è possibile calcolarlo anche con delle formule, le stesse che consentono la costruzione dei diagrammi e che sono annidate nei codici di calcolo:

La pressione di vapor saturo, sopra 0 °C, vale

$$p_s = 610,5 \cdot e^{\frac{17,269 \cdot t_s}{237,3 + t_s}} = 4240,5 \ Pa$$

Il titolo alla temperatura di saturazione

$$x_s = \frac{M_v}{M_{as}} \frac{p_s}{p_{atm} - p_s} = 0,02717 \ {}^{kg_v}/_{kg_{as}}$$

L'entalpia in saturazione

$$h_s = h_{as} + h_v = c_{pas} \cdot t_s + x_s \cdot (c_{pv} + h_{ev}) = 101,18 \ kJ/kg$$

Il titolo dell'aria umida a questa entalpia e a 80 °C

$$x_{au} = \frac{M_v}{M_{as}} \frac{h_s - c_{pas} \cdot t_{as}}{c_{pv} + h_{ev}} = 0,00806 \ {}^{kg_v}/_{kg_{as}}$$

Massa evaporata in 10 ore

$$m_{ev} = m_{as} \cdot (x_v - x_{au}) \cdot n_h = 286,6 \ kg$$

7.14   Per avere e mantenere le condizioni di comfort, la macchina dovrà fare in modo di portare l'aria umida dalle condizioni naturali a quelle desiderate, sia abbassando la sua temperatura (calore sensibile), sia la sua UR (calore latente) fino a condizioni di comfort estivo: possiamo utilizzare dei valori normati tipici di 26 °C e 40% umidità.

Il calore totale da sottrarre all'aria ogni ora dipende sia dalla variazione di entalpia dovuta al cambiamento delle variabili del suo stato, sia alla quantità di aria da elaborare. La differenza di entalpia che deve imporre lo scambiatore freddo del condizionatore la ricaviamo da un diagramma dell'aria umida. In vero il raffreddamento della macchina si fermerebbe lungo la linea di saturazione per tenere l'aria satura e farla condensare fino al titolo per il comfort; da questa condizione se non si introduce vapore e si mantiene quindi costante il titolo, andrebbe riscaldata fino a raggiungere le condizioni finali. Per comodità utilizziamo il valore dell'entalpia finale dell'aria climatizzata, anche se il valore del calore di raffreddamento risulterebbe più alto.

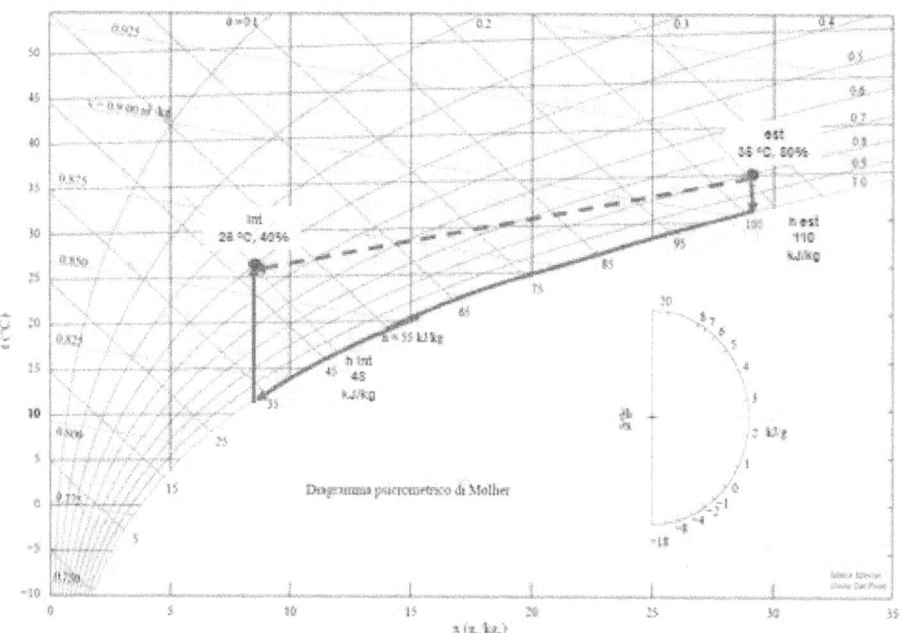

Con questa approssimazione vale: $\Delta h = (110 - 48) = 62 \dfrac{kJ}{kg}$

Il volume è V = 300 m3 e dato che le tabelle riportano, alle condizioni esterne, un valore della massa volumica di 1,126 kg/ m3, la massa da trattare ogni ora sarà circa 338 kg. Sul diagramma psicrometrico possiamo andare a leggere il valore di salto di entalpia, usando semplicemente la differenza dei valori nelle due condizioni, che moltiplicato per la massa risulta circa 21.000 kJ. Se il raffreddamento avverrà in un'ora, la potenza termica che lo scambiatore freddo dovrà sottrarre all'aria vale:

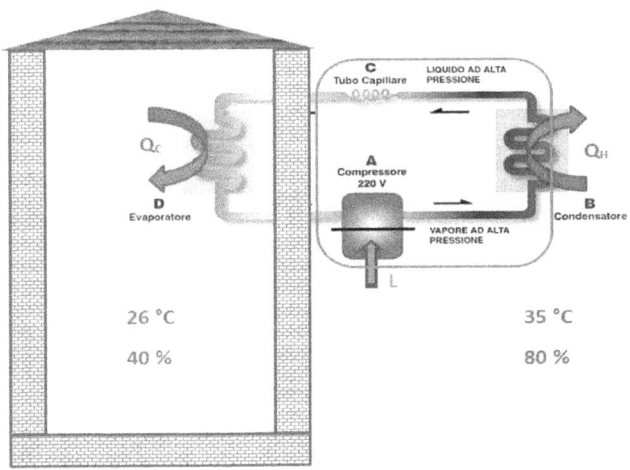

$$\dot{Q}_C = \frac{Q_C}{\text{tempo}} = \frac{21000 \text{ kJ}}{3600 \text{ s}} =$$

$$= 5,8 \text{ kW}$$

Questa potenza sottratta all'aria, viene assorbita dall'evaporatore dell'unità interna (nel disegno caso tipico di condizionatore domestico split) che ha sempre anche un ventilatore per migliorare lo scambio di calore tra aria e serpentina fredda e per farla circolare nell'ambiente. Per ottenere il raffreddamento e la deumidificazione dell'aria, la serpentina e quindi anche il fluido frigorifero che la percorre, devono trovarsi a temperatura inferiore alla temperatura di saturazione della componente acqua della miscela aria umida, possibilmente alla condizione più difficile per ottenere questo risultato fino alle condizioni di comfort, cioè quella dell'aria dell'ambiente fredda e deumidificata. Dato che a pressione atmosferica e le condizioni interne il diagramma dell'aria umida ci dice che questa temperatura è 12 °C, supponiamo che nella serpentina il fluido possa essere a 10 °C.

Il calore sottratto all'aria fa evaporare la parte liquida del fluido frigorifero in condizione bifase presente nella serpentina, come vi arriva dalla valvola di laminazione, fino alle condizioni di vapor saturo a bassa pressione, alla stessa temperatura, perché il calore viene sottratto all'aria dal cambiamento di fase della parte liquida del fluido frigorifero.

A queste condizioni, sono note tutte le variabili di stato (punto 1 del diagramma p-h, con T = 10 °C e pressione 425 kPa, come anche nel punto 4) e le tabelle ci danno entalpia ed entropia del vapor saturo in 1, $h_1 = 256$ kJ/kg e $s_1 = 0,926$ kJ/kgK. Si ricorda che diagrammi e tabelle diversi possono dare valori delle grandezze (u, h, s) diversi, a seconda del metodo e di dove siano fissati gli zeri nei diversi sistemi di misura. Ad esempio, così è nel diagramma riportato in figura, dove si individuano invece gli stessi valori di pressione e temperatura; importante però è che le differenze delle funzioni di stato siano invece uguali.

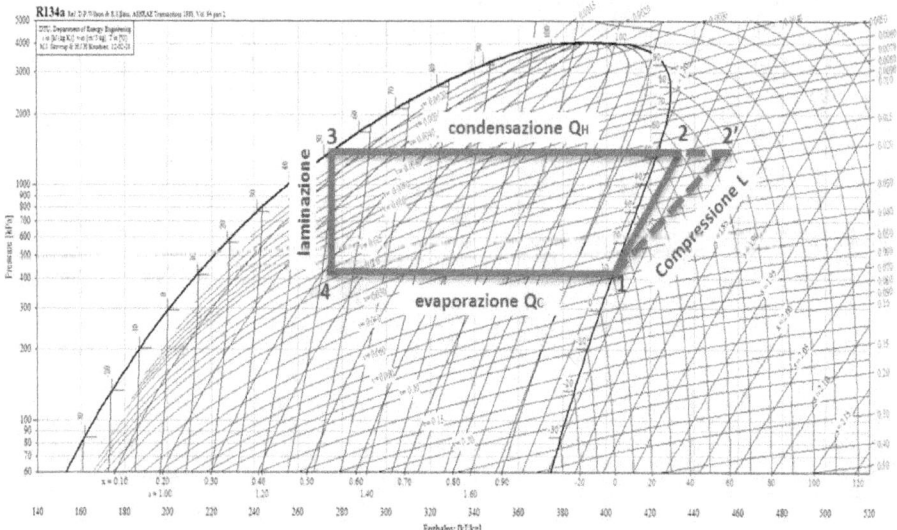

Ora il vapore a bassa pressione viene compresso con il lavoro meccanico del compressore, in genere fornito dal motore elettrico.

Poiché è nota l'efficienza ideale calcoliamo la potenza meccanica $\dot{L} = \dfrac{\dot{Q}_C}{EER} = 1,16\,kW$ e, dalla portata in massa, il salto entalpico ideale dovuto alla compressione fino al punto 2 dove il vapore sarà ad alta pressione e in condizioni surriscaldate.

Quindi $h_2 = h_2 + \Delta h_{1-2} = 282\,\dfrac{kJ}{kg}$ mentre $s_2 = s_1$ perché avendo usato l'efficienza ideale, la compressione risulta isoentropica e la sua linea, continua nel grafico, risulta parallela alle linee isoentropiche. Questa accoppiata di valori ci fornisce indicazioni sulla condizione del vapore surriscaldato. Non ci sono esattamente

$\Delta h_{1-2} = \dfrac{\dot{L}}{\dot{m}} = 26,36\,\dfrac{kJ}{kg}$

questi due valori sulle tabelle, sarebbe più utile un diagramma dell'R134a oppure eseguendo un'interpolazione. Un'approssimazione abbastanza affidabile è rappresentata da una condizione interme-dia tra le pressioni di 1,4 e 1,6 MPa, quindi circa 1,5 MPa, con una temperatura oltre i 60 °C e quella di saturazione per l'inizio condensazione, che come per la pressione è uguale a quella del termine dello scambio nel condensatore, intorno ai 54 °C. L'entalpia del punto 3 del grafico sotto riportato è possibile calcolarla in 3 modi:

- usando la stessa pressione del punto 2 e la condizione di liquido saturo

- per il fatto che sia uguale ad h_4, che a sua volta si individua perché il salto rispetto al punto noto h_1 è calcolabile dividendo lo scambio di potenza Q_C all'evaporatore per la portata in massa
- impiegando la potenza $\dot{Q}_H = \dot{Q}_C + \dot{L}$ = 6,96 kW dividendo per la portata in massa si trova il salto entalpico e sottrarlo all'entalpia dal punto 2

Il valore è circa $h_3 = h_4$ = 124 kJ/kg.

Mentre questi due valori, come anche l'entalpia del punto 3, sono con poca approssimazione considerabili corretti per un caso reale, i valori di L e di Q_H si riferiscono al ciclo ideale. Entrambi i valori aumenterebbero se si considerasse il ciclo reale, perché aumenterebbe il valore di h_2 e quindi le relative differenze, sia per la compressione rispetto al punto 1, sia nella condensazione rispetto a punto 3; a questo aumento conseguirebbe una diminuzione del valore di EER. Per calcolarlo sarebbe necessario conoscere il rendimento isentropico del compressore per individuare la deviazione della curva tra 1-2' rispetto al segmento 1-2 della trasformazione isoentropica, oppure arrivando a 2' alla stessa pressione, ma alla temperatura finale del vapore surriscaldato non isoentropicamente. Quando la macchina invecchia, a meno di accurata manutenzione, la sua efficienza diminuisce, sia perché non si raggiunge la stessa pressione e anche perché le perdite di gas dell'impianto fanno diminuire la portata in massa. Utilizzando un valore sperimentale della temperatura di 75 °C ci sarebbe un ulteriore incremento dell'entalpia fino a circa $h_{2'}$ = 299 kJ/kg. In tal caso il rendimento del compressore sarebbe piuttosto limitato:

$\eta_c = \dfrac{h_2 - h_1}{h_{2'} - h_1} = \dfrac{26}{43} = 60\%$ e la potenza meccanica assorbita realmente sale a 1,93

kW e di conseguenza scende proporzionalmente l'efficienza del ciclo a EER = 3

Soluzioni capitolo: Impianti e norme per la generazione di energia

8.1   Il comune di Pavia si trova nella Zona climatica E e le norme indicano 2623
      gg (gradi giorno). La radiazione solare annua disponibile mediamente sulle
      superfici orizzontali è E_{irr} = 4800 MJ/m^2 = 1333 kWh/m^2
      L'energia complessiva prodotta dal pannello sarà:
      $$Q_{anno} = Q_{Rad} \cdot \eta_{coll} \cdot A_{coll} = 7430\ MJ = 2063,8\ kWh$$

8.2   Un sistema di questo tipo, che scambia calore con due sorgenti a differen-
      te temperatura, produce lavoro e opera ciclicamente, può essere immagi-
      nato come un motore termico. La sua dimensione minima si avrà quando
      il suo rendimento fosse massimo, cioè nel caso operasse secondo un ciclo
      ideale di Carnot. In tal caso il rendimento sarebbe:
      $$\eta = 1 - \frac{T_C}{T_H} = 0,216 = 21,6\%$$
      La potenza termica necessaria sarà:
      $$\dot{Q}_H = \frac{\dot{L}}{\eta} = 2315\,W$$
      Il collettore è in grado di raccogliere 300 W/m^2, quindi l'area minima ri-
      chiesta, quella per rendimento massimo, deve essere almeno:

      $$A = \frac{\dot{Q}_H}{\dot{q}_{coll}} = 7,71\,\text{m}^2$$

8.3   Questo impianto viene schematizzato come un motore termico a ciclo di
      Carnot, dove l'isoterma a temperatura superiore, viene realizzata sfrut-
      tando il calore proveniente dal pannello sola-
      re termico, come proposto nella figura:
      Trattandosi di un ciclo di Carnot, il rendimen-
      to sarà massimo e calcolabile attraverso le
      temperature:

      $$\eta_{mot} = \frac{T_H - T_C}{T_H} = \frac{70}{370} = 0,189 \simeq 19\ \%$$

      Utilizzando la formula del rendimento riferita
      alle energie, si ricava che il calore necessario
      vale:

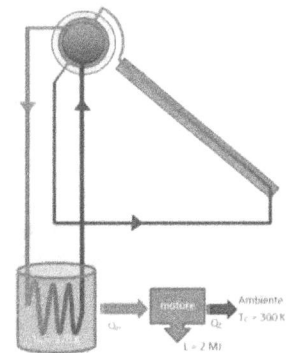

$$Q_H = \frac{L}{\eta_{mot}} = \frac{2MJ}{0.189} = 10582 \text{ kJ}$$

Per avere una stima della superficie necessaria, possiamo operare nella seguente maniera semplificata: per essere sicuri di riuscire a produrre almeno 2 MJ in un giorno, utilizzeremo un valore medio di radiazione disponibile nel comune di Milano, per il mese in cui la radiazione è più bassa, cioè dicembre. Utilizziamo i dati forniti da ENEA, la radiazione giornaliera media basata sul periodo 1995-1999, per il mese di dicembre vale 4325 kJ/m^2 e siccome il pannello ha un rendimento del 70 %, sarà in grado di fornire, in un giorno, 3027,5 kJ/m^2. Il pannello dovrà avere una superficie sufficiente a fornire il Q_H necessario, serviranno quindi: S_p = 10582/3027,5 = 3,5 m^2

Il rendimento complessivo di questo sistema di trasformazione dell'energia, da irraggiamento solare a lavoro, ci consente di riflettere sulla relazione che intercorre tra le energie disponibili alla fonte e quella realizzata a valle dei dispositivi. Nonostante si sia ipotizzato un rendimento con ciclo di Carnot, quindi largamente sopra i rendimenti reali, per questo sistema avremo un rendimento totale:

$$\eta_{tot} = \frac{L}{Q_{irr}S_p} = \frac{2000 \text{ kJ}}{15137,5 \text{ kJ}} \approx 0.13 = 13\%$$

Lo stesso risultato si può ottenere combinando i due rendimenti:

$$\eta_{tot} = \eta_{coll} \cdot \eta_{mot} = 0.7 \cdot 0.189 \approx 0.13$$

Quindi a valle di questi due sistemi, nonostante l'ipotesi che abbiano i rendimenti più alti possibili, potremo disporre di poco più di un decimo dell'energia fornita dal sole.

8.4   Q = 4,3 kWh al giorno.

8.5 $$L_{cil} = \frac{S_{cil}}{circ_{cil}} = \frac{\dot{Q}/K\Delta T}{\pi\phi} = 7108 \text{ m} = 7,1 \text{ km}$$

$$\dot{Q} = \dot{m}c_p\Delta T = 8374 \text{ kW}$$

8.6   La massa dell'acqua da riscaldare è:

$$m = V \cdot \rho = (25 \cdot 10 \cdot 5) \cdot 1.000 = 1250 \, 10^3 \text{ kg}$$

La quantità di calore da fornire all'acqua senza le perdite è

$$Q = m \cdot c_p \cdot \Delta t = 1250000 \cdot 4,18 \cdot (24 - 14) = 52.250.000 \text{ kJ}$$

$$52.250.000 \text{ kJ} = 52.250.000 / 3.600 = 14513,89 \text{ kWh}$$

La potenza termica del generatore di calore è ricavabile dalla relazione:

$$\dot{Q} = \frac{Q}{t} = \frac{14513,89}{20} = 725,70 \text{ kW}$$

La quantità di combustibile necessaria per riscaldare l'acqua è:

$$m_{gasolio} = \frac{Q}{\eta_{caldaia} \cdot PCS} = 1319,45 \text{ kg}$$

8.7   n = 1/3;   Q = 800 MJ

8.8   La potenza meccanica generata dal motore termico in cogenerazione è:
L = Q_{H-MT}* h = 1250 kW, la potenza elettrica dal generatore sarà:
L_e = 0,8 * 1250 = 1000 kW.
L'utenza elettrica ne assorbe 250 kW, la potenza elettrica disponibile per la pompa di calore è pari alla differenza quindi 750 kW.
La potenza termica erogata dalla pompa di calore Q_{H-PdC} è:

$$L_{PdC} \cdot COP = 750 \cdot 4,5 = 3375 \text{ kW}$$

La potenza termica totale sarà:

$$Q_{TOT} = Q_{H-PdC} + Q_{H-MT} = 1250 + 3375 = 4625 \text{ kW}$$

Il rendimento complessivo del sistema è dato dal rapporto tra quello che si ottiene e l'energia fornita al sistema. Nel caso specifico si ottiene energia elettrica ed energia termica, quindi:

$$\eta_{TOT} = \frac{Q_{TOT-OUT}}{Q_{H-MT}} = \frac{250 + 4625}{1250} = 3.9$$

un rendimento così alto è spiegato dal questi elementi: tutto il calore ceduto dal MT viene recuperato, il COP della PdC è elevato in quanto in classe A e che la potenza fornita alla PdC è prelevata direttamente da una sorgente senza un costo aggiuntivo.
Esempio di schema dei flussi energetici:

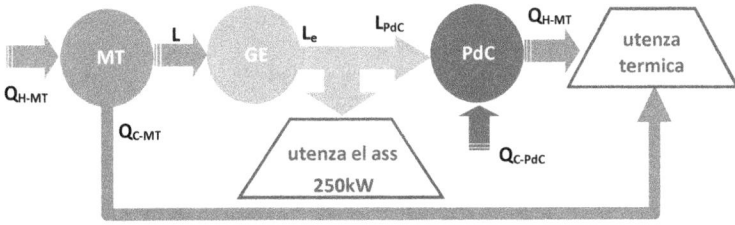

8.9   In questo allevamento con annessa unità residenziale, la produzione complessiva annua di liquame è la massa per ogni bovino moltiplicata per il numero di animali P_l = 7920 t. Quella di sostanza organica è il liquame per la densità di organico nel liquame P_{org} = 7920*0.08 = 633.6 t.

Il volume di gas lo calcoliamo come il rapporto tra questa massa e la ne-cessità di kg per realizzare ogni m^3 di biogas V_{BIO} = 158400 m^3. L'energia termica che si può produrre bruciando questo gas è:

$E_p = V_{BIO}$ * PCI = 3168000 MJ = 880 MWh

Il calore producibile sarà $Q_C = E_p * \eta_T$ = 396 MWh

L'energia elettrica producibile sarà $L_e = E_p * \eta_e$ = 264 MWh

Il calore disponibile netto, sarà quello prodotto meno quello consumato dall'impianto stesso Q_{disp} = 396 − 150 = 246 MWh, similmente quella elet-trica L_{edisp} = 264 − 20 = 246 MWh.

Il numero di ore di funzionamento del motore elettrico sono pari all'energia prodotta diviso la potenza elettrica erogata dal motore:

$$n_{ore} = \frac{L_e}{P_{emot}} = \frac{264000}{40} = 6600 h$$

Dato che in un anno ci sono 8760 h, il motore potrà funzionare durante l'anno, compreso un certo numero di ore di fermo, per manutenzioni o al-tre esigenze.

Segue schema dei flussi massa e energia:

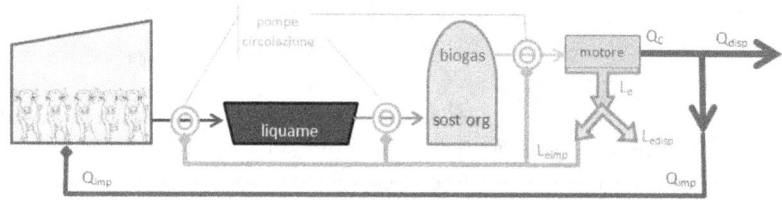

8.10   La cogenerazione (nota come CHP Combined Heat & Power) si basa sul fatto che, quando si produce energia meccanica in un motore termico, l'energia derivante dalla combustione viene solo in parte, circa un terzo se il motore ha un rendimento alto, trasformata in energia meccanica e a volte trasformata anche in energia elettrica, ma a seconda dei rendimenti dei dispositivi di trasformazione (nelle due figure seguenti sono usati dei valori di rendimento tipici), l'energia che si ottiene a valle, quella elettri-ca, è solo una frazione di quella primaria che si consuma:

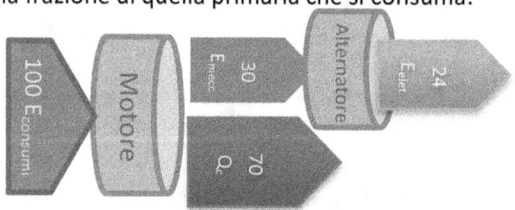

$$\eta_{sist} = \eta_{mot} \cdot \eta_{alt} = 0.3 \cdot 0.8 = 0.24 = 24\%$$

Per migliorare il rendimento complessivo del sistema, nei sistemi cogenerativi, parte del calore disperso a bassa temperatura (bassa rispetto a quella alta della combustione) viene inviato attraverso un fluido vettore ad uno scambiatore, così da poter sfruttare parzialmente queste dispersioni:

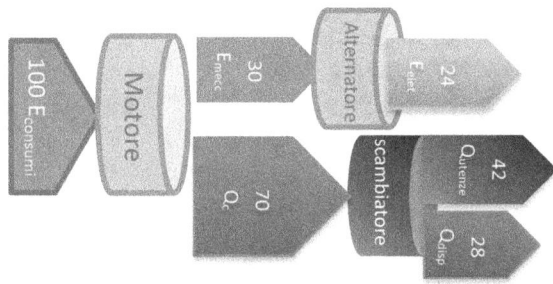

$$\eta_{sist} = (\eta_{mot} \cdot \eta_{alt}) + \eta_{rec\,termico} = (0.3 \cdot 0.8) + 0.42 = 0.66 = 66\,\%$$

Parte dell'energia meccanica erogata dal motore viene disperso (nell'esempio il 6 %) in calore nel rendimento dell'alternatore. Il miglioramento ottenuto, può essere realizzato attraverso un impianto cogenerativo endotermico, descritto nello schema che segue: l'MCI (Motore a Combustione Interna, può essere anche un normale motore a pistoni per auto, molto famoso è il sistema TOTEM progettato da FIAT su base del motore del modello 127) attraverso un albero trasmette la potenza meccanica ad un alternatore, che la trasforma in elettrica.

Inoltre, i contributi in calore che andrebbero dispersi (normalmente negli schemi indicati complessivamente con Q_C) vengono veicolati ad uno scambiatore, recuperando così la condensazione dai fumi di scarico e, attraverso un vettore di solito l'acqua, il calore ceduto dall'olio di lubrificazione e dal circuito di raffreddamento.

Lo scambiatore cede parte di questi contributi al circuito ad acqua, che porta il calore così recuperato, alle utenze esterne:

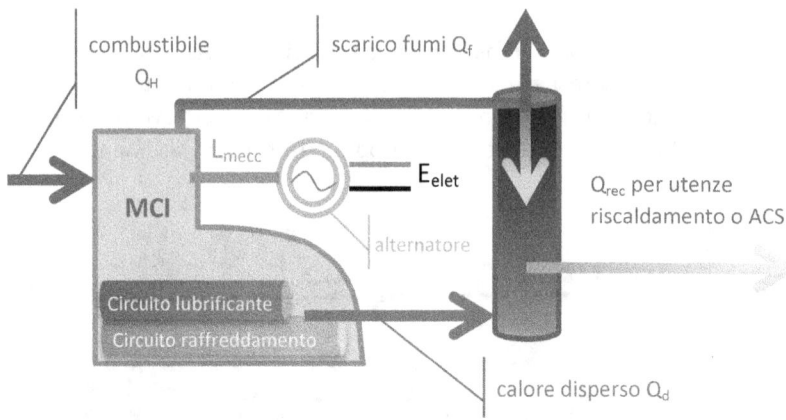

Similmente, in alcuni impianti il calore viene prodotto per le utenze, come riscaldamento o calore di processo ma non interamente sfruttato. L'idea è quindi di recuperare questo calore o per usarlo direttamente, ad esempio scaldando un fluido vettore e rendendo così trasportabile e disponibile il calore per altre applicazioni come, ma non solo, il riscaldamento. Viceversa è possibile veicolare il calore di una combustione che verrebbe scartato, verso un dispositivo che lo trasforma in altra forma energetica, ad esempio, energia elettrica. La figura schematizza un impianto a biomassa, con microturbina a vapore (ci sono anche alimentate a gas per combustione), alternatore e trasformatore, che trasformano in energia elettrica il calore trasferito dal vettore fluido vapore:

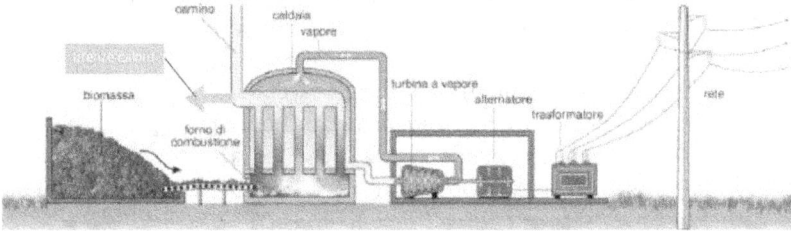

La figura successiva mostra un sistema concettualmente simile alla microturbina, che per la generazione elettrica viene sostituita da un motore Stirling, mosso linearmente dalla combustione di una comune caldaia domestica, la quale serve anche al riscaldamento per le utenze della casa:

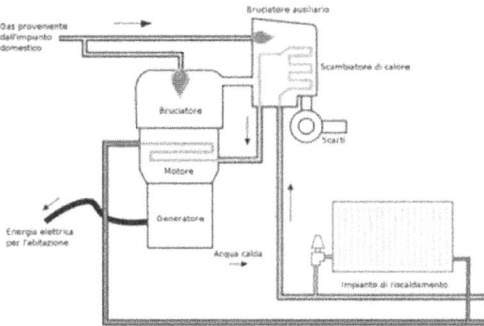

Orientativamente i cogeneratori Stirling hanno taglie tra 1 e 3 KWe, mentre i motori alternativi (cilindro-pistone-albero) si usano per potenze superiori ai 5 kWe fino a 200 kWe. Tecnologie alternative sono gli MRC Motori a Ciclo Rankine e le microturbine IBC a Ciclo Inverso Bryton (si lascia agli studenti eventuali approfondimenti).

Nella trigenerazione, tutto o parte del calore viene utilizzato introducendo un impianto ad assorbimento (attraverso serbatoi a acqua/bromuro di litio per temperature fino a 4 °C oppure ammoniaca/acqua per temperature fino a -60 °C), per raffreddare un fluido vettore e utilizzare il fluido freddo dove sia necessario, ad esempio nella climatizzazione estiva:

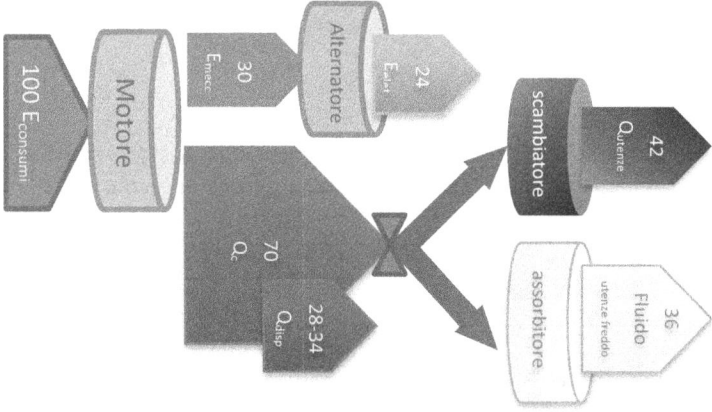

In questo caso il sistema tiene bilanciata la generazione di energia elettrica o meccanica, fornendo sia fluido caldo per cedere calore, sia fluido freddo per assorbirne. Come semplice esempio, un impianto così costituito, potrebbe fornire ad un centro polivalente, energia elettrica, calore per scaldare l'ACS e energia frigorifera per climatizzare l'aria interna.

8.11   La prima valutazione riguarda i fabbisogni annui; per il residenziale si sommeranno quelli di riscaldamento con l'ACS.

$Q_{res} = (100+20)*300 = 36000$ kWh = 36 MWh

La PdC ha un rendimento 4, quindi il suo fabbisogno elettrico sarà 9 MWh, che sommati agli altri del centro, arrivano a E_{el} = 12 MWh.

Il fabbisogno annuo per il 50 % nel riscaldamento delle stalle è 112, 5 MWh. Ecco uno schema dei flussi:

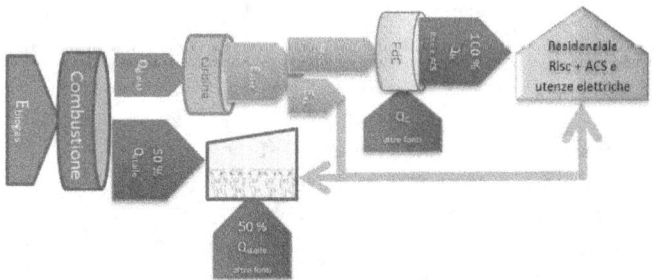

L'energia che il biogas deve essere in grado di produrre ogni anno dovrà soddisfare entrambi questi due fabbisogni, elettrico e termico, proporzionalmente ai rispettivi rendimenti:

$E_{Biogas} = (12/0,2 + 112,5/0,75) = 210$ MWh e avendo questo biometano un PCI = 24 MJ/m^3, il fabbisogno annuo in volume sarà:

$V_{Biogas} = 756.000/24 = 31.500$ m^3; ogni bovino consente di ottenere 365 m^3 all'anno di biogas, per cui:

n_{bov} = 87 valore arrotondato per eccesso, non potendo ammettere che animali vivi.

8.12   I valori sono indicativi, in particolare sul costo, perché le forniture di energia primaria dipendono dagli accordi e le tecnologie sono in continua evoluzione:

Sistema	Potenza tipica kW	Efficienza %	Costi ciclo 20 anni ($/kW)
Fotovoltaico	1-50	8-13	0.130
Generazione MCI in loco senza recupero	30-300	20-30	0.070
Celle a combustibile	3-5	30-60	0.070
Centrale con turbina gas	150-500	28-45	0.052
Generazione MCI in loco con recupero	30-300	40-48	0.052
Turbine eoliche	5-600	20-40	0.036

8.13   Durante il suo funzionamento, il motore endotermico connesso all'alternatore riuscirà a produrre E_{el} = 2* 7000 = 14000 MWh.

L'energia primaria con cui alimentare il sistema sarà:

$E_p = 14000/0.4 = 35000$ MWh $= 126*10^6$ MJ

Il volume di gas necessario per ottenerla è:

$V_{BIO} = E_p / PCI = 5727*10^3$ m^3

$m_{so} = V_{BIO} / \rho_{so} = 11454.5*10^3$ kg $= 11454.5$ t

$m_{mais} = m_{so} / \rho_{colt} = 25454.5$ t

La superficie da coltivare avrà estensione:

$S = m_{mais} / \eta_{sup} = 636,3$ ha $= 6,363$ km^2

Grazie a questo impianto il gestore avrà disponibile anche energia termica per: $Q = E_p \, \eta_T = 17500$ MWh.

Il rendimento complessivo dell'impianto è calcolabile sommando i due rendimenti o sommando l'energia elettrica e termica ottenute, diviso l'energia primaria fornita; il risultato è 90 %.

8.14

Grandezza	valore	u. di m.	calcolo
Volume stanza (V)	240	m^3	Volume parallelepipedo
Ricambi orari (s)	3	1/h	Dato problema
Temperatura esterna (T$_1$)	-5	°C	Dato problema
Temperatura interna progetto (T$_2$)	20	°C	Dato problema
Trasmittanza parete (K$_1$)	0,3	W/m^{2}K	Dato problema
Trasmittanza finestra (K$_2$)	2	W/m^{2}K	Dato problema
Superficie parete (S$_1$)	180	m^2	Superfici esposte
Superficie finestra (S$_2$)	8	m^2	Dato problema
Calore disperso da parete (Q$_1$)	1350	W	K$_1$*S$_1$*ΔT
Calore disperso da finestra (Q$_2$)	400	W	K$_2$*S$_2$*ΔT
Volume aria (V$_a$)	0,200	m^3/s	V*s/3600
Massa aria (m)	0,237	kg	m= ρ*V$_a$
Calore disperso ricambio aria (Q$_3$)	5982	W	Q$_3$= M*C$_p$ aria*ΔT
Calore totale necessario (Q$_{tot}$)	7732	W	Q$_{tot}$= Q1+Q2+Q3
Salto di temperatura acqua (ΔT)	25	°C	T$_2$ − T$_1$
Portata massica acqua (m$_{H2O}$)	0,1848	kg/s	m$_{H2O}$ = Q$_{tot}$/(C$_{p\ H2O}$*ΔT)
Portata volumica acqua (V$_{H2O}$)	665	l/h	3600*m$_{H2O}$/ρ

8.15   L'energia per soddisfare metà del fabbisogno annuo è 1400 kWh; la superficie dei pannelli stimata è 7 m^2 e l'impianto avrà una potenza di picco di poco superiore a 1 kWp; nella figura è rappresentato un semplice schema del sistema.

8.16   Premettendo che questa valutazione è unicamente finanziaria e tralascia benefici di natura non economica, ma anche alcune possibili entrate aggiuntive, come alcuni costi sommersi, potrà comunque essere utile agli studenti per dotarsi di un metodo di analisi e per avere un confronto di massima sulle due scelte e capire se si stia parlando degli stessi ordini di misura.

Per calcolare la produttività delle coltivazioni e degli animali, potete rifarvi ad esercizi precedenti o, in più facile alternativa, reperire sul web tabelle e strumenti di calcolo degli stessi valori. Diverse scelte delle combinazioni coltivazioni vs allevamento e diverse procedure di calcolo porteranno inevitabilmente a risultati diversi, ma rammentiamo che questo esercizio è proposto per aiutare gli studenti a farsi un'idea corretta delle componenti più rilevanti che concorrono alle economie dei sistemi di produzione dell'energia in sito.

La prima ipotesi è che il proprietario voglia confrontare due combinazioni:

- coltivazione a mais e allevamento con 500 verri adulti e 200 bovini adulti
- Impianto fotovoltaico su tutto il terreno

Per la scelta agricola, prevediamo che 5000 m^2 saranno assorbiti dall'allevamento e dall'impianto CHP. I bovini produrranno circa 3880 t/a di liquame e 500 t/a di letame, mentre i maiali 2340 t/a e 155 t/a rispettivamente. Il terreno da 3,5 ha, coltivato a mais, renderà 140 t/a di raccolto. Le deiezioni animali e la produzione vegetale, trattate in opportuno impianto, genereranno biogas con il quale sarà possibile produrre energia termica ed elettrica. I valori annuali sono riassunti nella tabella:

Fonte	Unità	Produzione (t)	Biogas (m^3)	En. Termica (kWh)	En. Elettrica (kWh)
Bovini (letame)	200	500	40000	93333	84444
Bovini (liquame)	200	3880	97000	226333	204778
Verri (letame)	500	155	10800	25200	22800
Verri (liquame)	500	2340	35000	81667	73889
Frumento in silos	3.5 ha	140	22400	52267	47289
Totale			205200	478800	433200

Facendo funzionare l'impianto quasi 7900 h/anno, si può istallare un motore elettrico con 55 kW di potenza. L'energia complessiva prodotta è 912 MWh all'anno, con un rendimento complessivo del sistema CHP dell'80% (si poteva anche valutare sommando i due rendimenti forniti nel testo dell'esercizio).

Passiamo ora ai calcoli per il caso fotovoltaico, supponendo di utilizzare quasi tutto il terreno per la produzione elettrica:

Superficie (ha)	P picco (kW)	En prod MWh/a
3,75	5000	**5405**

Dal punto di vista della disponibilità di energia, l'impianto fotovoltaico produce 6 volte tanto la combinazione agricola, quindi anche gli introiti saranno superiori, come però lo è anche il costo, che per il fotovoltaico risulta 10 Mln di €, per il CHP 440 k€. Da una ricerca sugli attuali (2014) valori degli incentivi previsti per impianti funzionanti per 20 anni, è possibile stimare e confrontare i costi e i ritorni di un impianto:

	Potenza (kW)	En prod (MWh/a)	costo imp (€)	costi operativi (€/a)	incentivi (€/kWh)	incassi en (€)	tempo rit (a)
CHP	55	912	495000	22000	0,236	102235	8
Fotovoltaico	5000	5405	10000000	70000	0,11	594550	8

Nei costi operativi sono compresi gli oneri a debito per fare finanziare i costi da un istituto di credito, secondo i prodotti creditizi disponibili oggi sul mercato e un'assicurazione contro i furti che nel caso del fotovoltaico è opportuno stipulare.

In sintesi, dal punto di vista finanziario non ci sono grandi differenze. L'impianto fotovoltaico non richiede molta presenza e risorse da parte del proprietario, mentre allevare animali e terra sì. Ma è anche vero che allevamento e raccolto danno altri prodotti (latte, carne) e l'impianto CHP produce anche calore. L'impianto CHP si adatta molto meglio a chi intenda portare avanti un'attività agricola, occuparsi delle terre e utilizzare le risorse locali, la scelta fotovoltaica si adatterà meglio a chi intenda unicamente mettere a frutto finanziario il terreno disponibile.

8.17   Il ciclo Rankine prende nome dal suo inventore, professore alla Glasgow University. Trova larga applicazione in molti impianti di produzione dell'energia, come le centrali termoelettriche a combustione e in quelle nucleari. La sua applicabilità è dovuta alla facilità di aumentare la potenza complessiva, aumentando la portata in massa del fluido operativo, l'acqua, cosa che invece non lo rende interessante per le applicazioni mobili. *(vedi anche esercizio successivo)*.
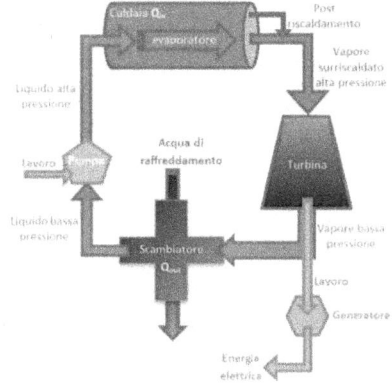
Il ciclo base viene realizzato da 4 componenti, connessi tra loro. Una pompa spinge l'acqua e ne alza la pressione, da un serbatoio fino ad un boiler di riscaldamento, connesso a una fonte di calore, più spesso una caldaia. Questo componente tra-

sforma il liquido saturo in vapore saturo che si espande in una turbina che ne estrae il lavoro meccanico utile. Il vapore si condensa in uno scambiatore freddo (ad esempio una grande portata di acqua, come un fiume), torna liquido saturo e viene pompato di nuovo. Per potenze minori, ad esempio in ciclo abbinato, si utilizzano anche fluidi organici: questi Rankine ORC, lavorano a temperature e potenze molto inferiori, ma possono essere associati a fonti di calore di potenza termica contenuta, come pannelli solari o il condensatore dove si ha la cessione di calore del ciclo primario.

Il ciclo base del fluido è quindi formato da quattro trasformazioni:

- compressione (quasi)isoentropica in una pompa
- riscaldamento ed evaporazione con calore a P costante
- espansione isoentropica, in turbina
- condensazione, con cessione di calore a P costante

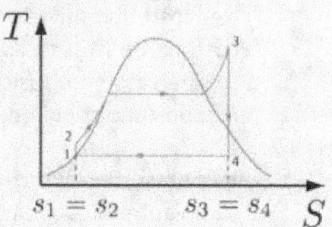

Le tecniche con cui è possibile migliorare il rendimento del ciclo reale, consistono nelle modifiche dei valori delle variabili di stato lungo le trasformazioni, ottenute anche intercettando il fluido operativo e separandone una parte per fargli compiere nuovamente la trasformazione. Eccone alcuni esempi, a volte negli impianti sono anche combinati tra loro:

- nella fase di condensazione si può **diminuire la pressione di ingresso** e abbassare la temperatura del fluido alla quale il calore viene sottratto nel condensatore, abbassando il punto di espansione in turbina, aumenta il lavoro prodotto e quindi rendimento. Purtroppo si ha nella turbina la presenza di miscela vapore + liquido che rovina i materiali dei componenti della macchina per effetto della cavitazione;
- **aumento della temperatura** con la quale il fluido entra in turbina. Ne consegue che, aumentando l'area del grafico, aumentano il lavoro netto e rendimento. Aumenta anche la quantità di calore fornita al vapore. Diminuisce la possibilità di trovare liquido contenuto in turbina. Anche in questo caso, però, ci sono problemi per la resistenza dei materiali;
- la pompa fornisce al liquido un **aumento della pressione di ingresso** in caldaia, consegue un aumento della temperatura media con la quale il calore viene somministrato al fluido in fase vapore fino all'arrivo in turbina. Si ottiene un aumento di lavoro netto maggiore della diminuzione dovuta al lavoro fornito e controindicazione dell'aumento del contenuto della fase liquida all'uscita dalla turbina;

- frazionare espansione in turbina del vapore in due stadi attraverso spillamenti ed effettuare tra di essi un **risurriscaldamento del vapore**. Le trasformazioni intermedie sono un'espansione isoentropica fino a pressione intermedia parte del fluido torna in caldaia e abbiamo innalzamento temperatura lungo l'isobara. Poi si ha un'espansione isoentropica in una seconda turbina;

- il caso più semplice è noto come OFH Open Feedwater Heat, ma il principio consiste nella **rigenerazione** della miscela del vapore estratto dalla turbina, miscelandolo con l'acqua di alimentazione che esce dalla pompa. Innalzando della temperatura si aumenta l'efficienza del ciclo.

8.18   Le turbine a ciclo Rankine sono largamente utilizzate per la produzione di energia elettrica. Lo schema semplificato di funzionamento e scambio energetico è rappresentato nel disegno.

L'impianto può essere reso più efficiente introducendo nel circuito alcuni elementi, modificando parzialmente il ciclo, come surriscaldamenti del vapore o preriscaldamenti tramite spillamenti *(vedi anche esercizio precedente)*. Deve il nome al fisico scozzese *W. J. M. Rankine* che intorno al 1859 nel *Manual of the Steam Engine*, presentò i risultati dello sviluppo del ciclo di trasformazioni per le macchine termiche. E' lo stesso fisico a cui è intitolata l'unità di misura della temperatura assoluta nel sistema di misura anglosassone. Calcoliamo lo scambio al condensatore:

$$Q_{out} = m_l \cdot c_{H2O} \cdot \Delta T_{H2O} = 20093 \ kW$$

L'entalpia dell'acqua liquida a bassa pressione sarà:

h_{lbp} = c_{H2O} t_{lbp} + vdp, ma dato che il contributo del volume specifico è trascurabile, risulta: h_{lbp} = 167,5 kJ/kg (derivabile anche dalle tabelle dell'acqua liquida).

Per il vapore a bassa pressione aggiungiamo alla entalpia dell'acq   ua a bassa pressione all'uscita dal condensatore, quella sottratta nel passaggio di stato da vapore a liquido:

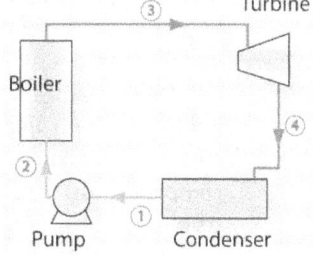

h_{vbp} = h_{lbp} + Q_{out}/m_{circ} = 1602 kJ/kg

Conoscendo le entalpie del passaggio e la pressione di condensazione, è possibile risalire al titolo del vapore:

$$x = \frac{h_{vbp} - h_{lpc}}{h_{vpc} - h_{lpc}} = 0,595$$

Attraverso il titolo calcoliamo l'entropia del vapore:

$$s_{vbp} = s_{lpc} + x \cdot s_c = 5,15 \ kJ/kgK$$

Assumendo come isoentropica la espansione in turbina, dalla tabella dei valori per il vapore surriscaldato abbiamo h_{vs} = 2720 kJ/kg

La potenza meccanica generata dalla turbina sarà:

$$\dot{L}_{turb} = \dot{m}_{circ} \cdot (h_{vs} - h_{vbp}) = 15652 \; kW$$
$$\dot{L}_{elet} = \dot{L}_{turb} \cdot \eta = 6,280 \; MW$$

8.19   In verità tutti i cicli diretti, dato che producono lavoro meccanico possono essere utilizzati, con l'aggiunta di un alternatore, nelle centrali di produzione di energia elettrica. Un sistema a ciclo Joule-Bryton, aperto quando usato nei motori, dove l'espansione finale è in aria libera e si sfrutta per ottenere spinta, chiuso quando viene utilizzato nelle centrali, schematicamente è formato dagli stessi componenti di quelli di un sistema Rankine, come indicato nella figura dell'esercizio precedente. Il

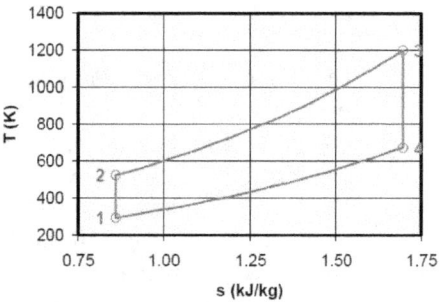

ciclo è formato da due adiabatiche e due isobare. Attraverso le formule caratteristiche di queste trasformazioni e il calore specifico nelle isobare, si calcola il valore della potenza elettrica, che risulta 316,8 kW.

8.20   Lo schema dell'impianto è raffigurato nel disegno. Dalle tabelle dell'acqua, calcoliamo il titolo all'uscita della turbina come rapporto tra la differenza di entropia tra fluido bifase (considerando il passaggio in turbina come isoentropico) e liquido saturo all'uscita del condensatore, diviso per il salto entropia, alla stessa pressione, del completo passaggio di fase:

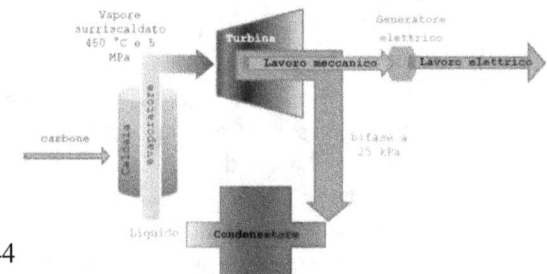

$$x = \frac{s_{bifase} - s_{liqsat}}{s_{vapsat} - s_{liqsat}} = 0{,}8544$$

Utilizziamo questo titolo per calcolare le altre grandezze di stato, per l'entalpia del bifase:

$$h_{bifase} = h_{liqsat} + x\Delta h_{liq-vap} = 2276 kJ/kg$$

$$\Delta h_{turbina} = h_{vapsat} + h_{bifase} = 1040 kJ / kg = 1,04 MJ / kg$$

Per ottenere 300 kW$_e$ la turbina deve fornire al generatore elettrico, che perde il 4%, potenza meccanica per 300/0,96 = 312,5 kW. Perciò la portata in massa del vapore da generare vale:

$$\dot{m}_{vap} = \frac{312,5}{1,04} = 301,5 kg / s$$

La caldaia dovrà generare questo vapore, fornendo calore pari a:

$$\dot{Q}_H = \dot{m} \cdot (h_3 - h_1) = 918 MW \text{ considerando l'entalpia all'ingresso della caldaia}$$

uguale a quella del liquido saturo a bassa pressione, alla pressione di condensazione. La caldaia ha rendimento 75%, perciò:

$$\dot{Q}_{comb} = 918 MW / 0,75 = 1224 MW \text{ e con il PCI dato del problema}$$

$$\dot{m}_{comb} = \frac{1224}{29,3} = 41,77 kg / s = 150 t / h$$

Il rendimento del sistema lo calcoliamo come rapporto tra potenza elettrica ottenuta e potenza teorica del combustibile:

$$\eta = \frac{300}{1224} = 24,5\%$$

Soluzioni capitolo: Acustica e Illuminotecnica

9.1   La velocità di propagazione delle onde sonore dipende dall'elasticità del mezzo che le trasporta, a sua volta funzione della temperatura. Per l'aria il valore standard è 340 m/s, per l'acqua 1460 m/s. La distanza da percorrere è 7500 m. L'equazione del moto rettilineo uniforme ci permette di calcolare il tempo:

$$t_{aria} = \frac{7500\,m}{340\,m/_s} = 22,06\,s \quad e \quad t_{acqua} = \frac{7500\,m}{1460\,m/_s} = 5,14\,s$$

9.2   La frequenza di propagazione di un'onda non dipende dalle caratteristiche del mezzo e quindi sarà uguale a quella di oscillazione della sorgente. Per la velocità utilizziamo le leggi del moto rettilineo uniforme e la relazione tra lunghezza d'onda e frequenza:

$$v = \frac{s}{t} = \lambda \cdot f = 20 \cdot 10^{-2}\,m \cdot 700\,^1/_s = 140\,m$$

9.3   La frequenza non dipende dalla temperatura del mezzo in cui l'onda si propaghi, per cui internamente all'edificio le persone udiranno lo stesso tipo di suono $f_{int} = f_{est}$ = 500 Hz.
La legge empirica che lega velocità e temperature (rispettivamente in m/s e °C) è: v = 331,5 + 0.6 t
$$v_{est} = 328,5\ m/s$$
$$v_{int} = 346,5\ m/s$$
Possiamo dire che attraversata la finestra il suono varia la propria velocità di 18 m/s.

9.4   La soluzione di questo esercizio è indipendente dal fenomeno riferito al suono, ma più generalmente riferita alle unità di misura e alle grandezze fisiche.

$$P = \frac{E}{t} = \frac{216000\,J}{3600\,\ s} = 60\,W$$
$$E = P \cdot t = 60 \cdot 8 \cdot 60\,\frac{J}{s}min\frac{s}{min} = 28800\,J$$

9.5   Per eseguire il calcolo è necessario prima valutare la pressione generata dai tre utensili singolarmente e attenuata dalle distanze, poi sommare logaritmicamente le pressioni:
$$I_{dB} = I - 10\log 2\pi - 20\log r$$

Dove I sia l'intensità sonora dei singoli utensili, che per questa soluzione abbiamo ricavato da schede tecniche presenti sul web: I_{tr} = 80 dB e I_{sm} = 110 dB

per i 2 trapani: $I_{dBtr} = 57,9\ dB$

per 1 smerigliatrice: $I_{dBtr} = 87,9\ dB$

considerando la ricezione auricolare alla stessa altezza dell'addetto, complessivamente: $I_{tot} = 10 \log \sum 10^{I_i/10} = 87,91\ dB$

Si noti che, generalmente, quando si sommano più rumori che differiscano di 10 dB, sarebbe sufficiente considerare quello di intensità maggiore.

9.6   La soluzione si ricava dalla formula che lega intensità di propagazione sferica delle onde e potenza della sorgente: I = P/4πr² unitamente alla misura in decibel del rapporto dell'intensità di una sorgente con quello minimo udibile ($I_0 = 10^{-12}$ W/m²)

$$I_{dB} = 10 \log_{10}\left(\frac{I}{I_0}\right) = 140\ dB$$

$$P = I \cdot 4\pi r^2 = 10^{14} \cdot 10^{-12} \cdot 4 \cdot 3{,}14 \cdot (1{,}6)^2 \frac{W}{m^2} m^2 = 3217\ W$$

9.7   Per semplificare il problema, si assume che il motore sia un sistema oscillante con un solo grado di libertà e la massa verrà ripartita egualmente sulle 8 molle. La frequenza del motore è f = 600 g/min = 10 g/s = 10 Hz.

Per trovare la frequenza di risonanza del sistema usiamo il diagramma che la mette in relazione al fattore di amplificazione (trasmissibilità) A e allo smorzamento ζ.

Nel caso dell'esercizio, cercando di impedire la trasmissione del 20 %, avremo e usando la curva a smorzamento minimo:

A = 1 − 0,8 = 0,2, da cui r = f/f_n = 2,5 e f_n = 10/2,5 = 4 Hz

Dalla formula che lega la deflessione statica

$$f_n = 0.5 \frac{1}{\sqrt{def}}$$

$$def = (2 \cdot f_n)^{-2} = (2 \cdot 4)^{-2} = 0.0156\ m$$
$$= 15{,}6\ mm$$

Legando la deflessione statica della singola molla alla sua rigidezza e alla massa ad essa associata: $def = \frac{mg}{k}$ avremo

$$k = \frac{(\frac{400}{8}) \cdot 9.81}{0.0156} = 31442\ kg/s^2$$

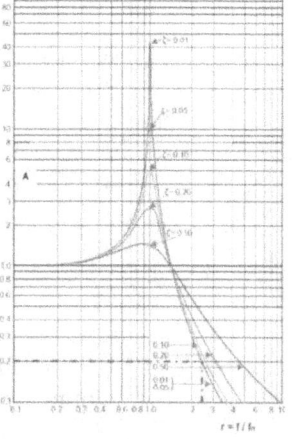

9.8   Per eseguire i calcoli è necessario supporre che il suono si diffonda in modo perfettamente uguale in ogni direzione. Per calcolare l'attenuazione dobbiamo calcolare il livello di assorbimento dato dalle persone più la somma di quello delle n singole pareti, ciascuna di superficie S, prima libere poi protette dai pannelli. $A_{tot} = n_{per} \cdot c_{pe} + \sum_1^n c_i S_i$

A_{lib} = 14,72

A_{inson} = 204,4

I_{inson} = 50 − 10Log$_{10}$ 204,4/14,72 = 38,6 dB

9.9   Per calcolare la pressione combinata è necessario prima calcolare i singoli valori delle pressioni e poi combinarli:

$$L_{p1} = L_w + 10log_{10}\frac{1}{4\pi r^2} + DI = 70,106 \, dB(A)$$

$$L_{p2} = L_w + 10log_{10}\frac{1}{4\pi r^2} + DI = 71,424 \, dB(A)$$

$$L_{p1+2} = 10log_{10}\left(10^{L_{p1}/10} + 10^{L_{p2}/10}\right) = 73,825 \, dB(A)$$

9.10 Per calcolare il tempo di reverbero dobbiamo accoppiare i coefficienti di assorbimento alle rispettive superfici rivestite e introdurre il volume V della stanza nella formula di Sabine, per decadimento di 60 dB:

$$t_{60} = \frac{0,16 \cdot V}{\sum_1^n \alpha_i S_i} = 0,32615 \, s$$

9.11 Un'intensità di 100 cd, a 2 m di distanza corrisponde ad un illuminamento di 25 lux. Si può ottenere dividendo l'intensità per il quadrato della distanza, oppure il flusso sferico diviso per l'area della sfera di raggio 2 m.

Se abbiamo la stessa intensità, ma ne prendiamo solo la porzione equivalente ad un cono di ampiezza 30 °, il flusso si calcolare sia con la superficie della calotta equivalente, sia con la formula:

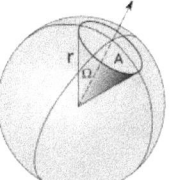

$\varphi_{30°} = I \cdot 2\pi\left(1 - \cos\left(\vartheta/2\right)\right) = 21,41 \, lm$

L'illuminamento per m^2 rimarrebbe lo stesso di prima e diminuirebbe con il quadrato della distanza allontanandosi dalla sorgente.

9.12   Per prima cosa calcoliamo dalle tabelle (CIE) che rapportano l'illuminamento necessario, possiamo stabilire un fabbisogno di 300 lux. Poi calcoliamo l'intensità in direzione 60°:

$$I_{60} = \frac{E \cdot d^2}{cos^3(60°)} = \frac{300 \cdot 4}{0,125} = 9600 \; lm$$

e attraverso la curva fotometrica vediamo che se a 60° servissero 100 lm, in verticale ne servono 220, quindi 2,2 volte tanto:

$$I_0 = I_{60} \cdot 2,2 = 21,1 \; klm$$

9.13   Per effettuare il calcolo del numero delle sorgenti, dobbiamo prima trovare in tabella il fattore di utilizzazione, dall'indice i che ci indica la classe e, con la tipologia di lampade, il fattore u.

$$i = \frac{a \cdot b}{h \cdot (a + b)} = 0.667 \; con \; lampade \; dirette \rightarrow classe \; J$$

$$classe \; J \; con \; fattori \; riflessione \; 50\% \rightarrow u = 0,37$$

$$\emptyset_t = \frac{E_m \cdot S_{tav}}{u} = \frac{675}{0,37} = 675 \; lm$$

$$n_s = \frac{\emptyset_t}{m \cdot d \cdot \emptyset_l} \approx 17$$

9.14   Per la sorgente sferica posta in vicinanza ad un piano riflettente supposto infinito, avremo I per 2 (1 riflessione) Q = 2, DI = 3.

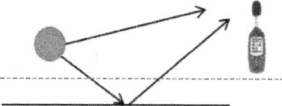

Per la sorgente sferica posta in vicinanza ad 2 piani riflettenti ortogonali, supposti infinito, avremo I per 4 (3 riflessioni)
Q = 4, DI = 6

$$L_p = L_w + 10log_{10}\frac{1}{4\pi r^2} + DI$$

Lp$_1$ = 68,0285 dB (A), LW$_2$ = 92 dB (A)
S$_2$ = 8 m, DI$_2$ = 6 dB, Lp$_2$ = 68,9461 dB (A)

$$L_{p(1+2)} = 10log_{10}\left[10^{L_{p1}/10} + 10^{L_{p2}/10}\right] = 71,5218 \; dB(A)$$

L'autore

Paolo Vercesi è nato a Milano dove vive e lavora. Laureatosi in Ingegneria Aerospaziale al Politecnico, ha studiato al MIP, alla Harvard Business School, alla MIT Sloan Management e alla Shanghai University. Ha mantenuto uno stretto rapporto di collaborazione con l'Ateneo milanese dove attualmente è docente incaricato di Fisica Tecnica alla scuola in Ingegneria Civile e dei moduli di Energia e Impianti nei Laboratori di progettazione della Laurea Magistrale in Architettura.

È consulente presso la Fondazione Politecnico di Milano sui temi della formazione e del terzo settore, dopo una decennale esperienza come responsabile dell'Area Servizi alle Imprese di Alintec, consorzio milanese di trasferimento tecnologico. Ha svolto e porta avanti un intenso programma di consulenze nei settori del risparmio energetico e dell'innovazione tecnologica con aziende private e istituzioni. Ha collaborato con la Fondazione Rosselli in progetti nazionali ed europei sul foresight strategico e sulla valutazione dell'impatto delle tecnologie emergenti sui sistemi industriali.